Sitzungsberichte der
Akademie der Wissenschaften
der DDR
Mathematik - Naturwissenschaften - Technik

7N
1975

Horst Blumenauer/Hermann Schumann

Werkstoffprüfung Tieftemperatur-thermo-mechanische Behandlung

AKADEMIE-VERLAG · BERLIN

Sitzungsberichte
der Akademie der Wissenschaften der DDR Jahrgang 1975 · Nr. 7 N
Mathematik — Naturwissenschaften — Technik

Horst Blumenauer / Hermann Schumann

Werkstoffprüfung Tieftemperatur — thermo-mechanische Behandlung

AKADEMIE-VERLAG · BERLIN
1975

Vorträge von Prof. Dr. Horst Blumenauer
und Prof. Dr. Hermann Schumann, gehalten
in den Sitzungen der Klasse Werkstofforschung
am 16. Januar 1975 und am 6. März 1975

Herausgegeben im Auftrage des Präsidenten
der Akademie der Wissenschaften der DDR
von Vizepräsident Prof. Dr. Heinrich Scheel

Erschienen im Akademie-Verlag, 108 Berlin, Leipziger Straße 3—4

Lizenznummer: 202 · 100/275/75
Gesamtherstellung: VEB Druckhaus Köthen
Bestellnummer: 752 855 8 (2010/75/7/N) LSV 3015
Printed in GDR
EVP 4,50

Inhalt

Langfristige Aufgaben der Grundlagenforschung auf dem Gebiet der Werkstoffprüfung

Horst Blumenauer

1. Einführung

Die ständig steigenden Anforderungen an die Gebrauchseigenschaften der Werkstoffe sowie an die Qualität und Zuverlässigkeit der hieraus gefertigten Erzeugnisse verlangen die Anwendung geeigneter Methoden und Kennwerte zur quantitativen Beschreibung des Werkstoffverhaltens unter den betrieblichen Beanspruchungsbedingungen. Die weitere Entwicklung der Werkstofftechnik ist somit ohne eine angemessene Grundlagen- und Applikationsforschung auf dem Gebiet der Werkstoffprüfung nicht möglich, und der hierzu in allen Industrieländern betriebene Aufwand nimmt ständig zu.

In der Sowjetuion hat die Serienproduktion für ein Gerätesystem zur zerstörungsfreien Werkstoffprüfung begonnen, damit in den nächsten Jahren Prüfgeräte im Wert von 70 bis 100 Mio Rubel in der Industrie zum Einsatz kommen können. Zur Koordinierung der Arbeiten auf diesem Gebiet wurde in der Akademie der Wissenschaften der UdSSR ein wissenschaftlicher Rat zu Problemen der zerstörungsfreien physikalischen Werkstoffprüfung gebildet.

Es ist erfreulich, daß es auch in der DDR einige Aktivitäten gibt, die zur kontinuierlichen Entwicklung der wissenschaftlichen Grundlagen und der materiell-technischen Basis der Werkstoffprüfung entsprechend unseren volkswirtschaftlichen Erfordernissen beitragen sollen.

Eine unmittelbar aus der Ministerratsprognose „Konstruktionswerkstoffe" abgeleitete Maßnahme ist die Bildung der Hauptforschungsrichtung „Grundlagen der Werkstoffprüfung" innerhalb des Forschungsprogrammes „Grundlagen des konstruktiven Entwicklungsprozesses". Für diese HFR und eine ihr zugeordnete Staatsplanaufgabe wurde 1973 der TH Otto von Guericke Magdeburg die Verantwortung übertragen. Weiterhin sind unmittelbar einbezogen die TH Leuna-Merseburg und die IHS Zwickau. Mit dieser HFR wird eine vor 20 Jahren von Ernst Schiebold in Magdeburg begründete wissenschaftliche Schule mit dem Ziel weitergeführt, ausgehend von den Ergebnissen der werkstoffphysikalischen Grundlagenforschung neue Methoden der zerstörenden und zerstörungsfreien Werkstoffprüfung zu entwickeln bzw. deren Anwendungsgebiete zu erweitern.

Bei der Behandlung der Aufgaben der Grundlagenforschung erscheint eine Einteilung in zwei große Komplexe zweckmäßig:

a) Kenngrößenforschung und Kennwertermittlung

Es sind Kenngrößen zu definieren, die das Verhalten der Werkstoffe möglichst umfassend charakterisieren bzw. zur gezielten Verbesserung der Eigenschaften führen können. Für diese Kenngrößen sind dann Prüfverfahren zu entwickeln, die eine quantitative Darstellung der Werkstoffeigenschaften in Form von Kennwerten mit hinreichender Genauigkeit und Reproduzierbarkeit ermöglichen. Mit dieser Grundrichtung werden wichtige Voraussetzungen für materialsparende Dimensionierungs- und Werkstoffauswahlvorschriften sowie für die volle Funktionsfähigkeit des Informationssystems für Werkstoffe geschaffen.

b) Qualitäts- und Fehlerprüfung

Die Aufgabe besteht in der Entwicklung von Verfahren, die eine Kontrolle der Qualität und Fehlerfreiheit der Werkstoffe während des Fertigungsprozesses, z. T. aber auch eine laufende Betriebsüberwachung von Maschinen und Anlagen ermöglichen. Dabei macht die zunehmende Mechanisierung und Automatisierung der Produktionsprozesse die nahtlose Einordnung des Prüfverfahrens in den technologischen Prozeß erforderlich.

Beide Zielstellungen stehen in einem sehr engen Zusammenhang, worauf in den weiteren Ausführungen noch eingegangen wird.

2. Kenngrößenforschung und Kennwertermittlung

Bei der Charakterisierung der Eigenschaften von Konstruktionswerkstoffen — hierauf beschränken sich die folgenden Ausführungen — stehen die Kenngrößen für das mechanische Verhalten, d. h. für die Festigkeit, Verformbarkeit und den Bruchwiderstand, im Mittelpunkt des Interesses. Dabei ist das Kernproblem, die prüftechnische Ermittlung von Kennwerten, die das Werkstoffverhalten unter den Betriebsbeanspruchungen richtig wiedergeben und somit eine sichere Dimensionierung von Maschinen und Anlagen gewährleisten, bis heute noch nicht befriedigend gelöst. Folgenschwere Schadensfälle machen deutlich, daß die gegenwärtig ermittelten Kennwerte, wie z. B. Zugfestigkeit, Zeitstandfestigkeit, Dauerschwingfestigkeit oder Kerbschlagzähigkeit, keine hinreichend sichere Aussage über das Festigkeits- oder Bruchverhalten eines Bauteiles gestatten. Um eine bessere Anpassung der Werkstoffkennwerte an das Betriebsverhalten zu erreichen, sind zwei prinzipielle Lösungswege möglich.

Zunächst erscheint es zweckmäßig, die Prüfbedingungen noch besser den betrieblichen Beanspruchungsverhältnissen anzupassen. Über eine derartige „Werkstoffprüfung nach Maß" und die dazu erforderlichen komplexen Prüfverfahren wurde bereits 1971 in Berlin ein Kolloquium der AdW der DDR durchgeführt. In Tabelle 1 sind noch einmal die wichtigsten Einflußfaktoren und einige Beispiele für komplexe Prüfverfahren zusammengestellt.

Tabelle 1. Zusammenstellung komplexer Prüfverfahren

Einflußgröße	Prüfverfahren
Gestalteinfluß	1. Prüfung bauteilähnlicher Proben mit Kerben, Bohrungen, Schweißverbindungen (z. B. Großplattenversuch, Robertson-Versuch) 2. Prüfung kompletter Bauteile (z. B. Berstversuche an Druckbehältern oder Rohrleitungen)
Belastungseinfluß	1. Betriebsfestigkeitsprüfung mit Blockprogramm- oder Randomversuchen 2. Prüfung bei kombinierter Belastung (z. B. Zugversuch an innendruckbeanspruchten Rohren) 3. Zeitstand- und Thermoschockprüfung 4. Prüfung mit Schockwellenbeanspruchung (Explosionsversuch an Platten)
Umgebungseinfluß	1. Korrosionsprüfung bei Betriebsbedingungen 2. Prüfung bei Strahleneinwirkung 3. Prüfung bei extrem hohen oder niedrigen Temperaturen

Der dabei erforderliche Aufwand, z. B. für die Berstdruckprüfung dickwandiger Druckapparate oder die Betriebsfestigkeitsprüfung eines PKW, ist sehr groß. Gegenwärtig werden für dynamische Untersuchungen bereits Prüfanlagen mit einer Prüfraumhöhe von 6 bis 7 m und Schwingamplituden bis 5000 KN eingesetzt. Durch die Anwendung von Servoventilen und Soll-Ist-Prozeßrechnern lassen sich beliebige Zufallsverteilungen der Belastungen mit Frequenzen bis 100 Hz realisieren. Auch bei der Simulation zusammengesetzter Beanspruchungen wurden beträchtliche Fortschritte erzielt. Erwähnt werden sollen die Entwicklung eines Schiffbewegungssimulators mit 6 Freiheitsgraden und eines Simulators für biochemische Untersuchungen an künstlichen Hüftgelenken.

Gegenwärtige Prognosen gehen nun meist davon aus, daß eine beanspruchungsgerechte Kennwertermittlung die Weiterentwicklung dieser komplexen

Prüfverfahren voraussetzt. Dabei wird aber nicht immer beachtet, daß der umfassenden Anwendung derartiger Verfahren nicht nur durch den hohen Material- und Prüfkostenaufwand, sondern auch durch die damit zwangsläufig verbundene Einschränkung der Allgemeingültigkeit und Reproduzierbarkeit der Ergebnisse bestimmte Grenzen gesetzt sind.

Es ist deshalb erforderlich, einem zweiten Lösungsweg, der von der Entwicklung und Anwendung werkstoffphysikalisch begründeter Kenngrößen ausgeht, stärkere Beachtung zu schenken. Entsprechend dem Grundanliegen der Werkstoffwissenschaft, der Ableitung makroskopischer Eigenschaften aus dem mikrostrukturellen Aufbau der Werkstoffe, wird mit wachsendem Erfolg versucht, Kenngrößen zu definieren, die auch bei bewußter Vereinfachung der Prüfverfahren eine gute Anpassung an das Betriebsverhalten ermöglichen. Dies soll an einigen aus den Forschungsarbeiten an der TH Magdeburg ausgewählten Beispielen erläutert werden.

Die Aussagefähigkeit des einfachen Zugversuches für quasistatische Beanspruchungen kann durch eine Normierung des σ-ε-Diagramms wesentlich gesteigert werden (Abb. 1). Dividiert man die Spannungs- und Dehnungswerte durch zweckmäßig ausgewählte Basiswerte σ_0 und ε_0, so erhält man Kurven, die unabhängig vom Werkstoff den gleichen Anstieg im elastischen Bereich

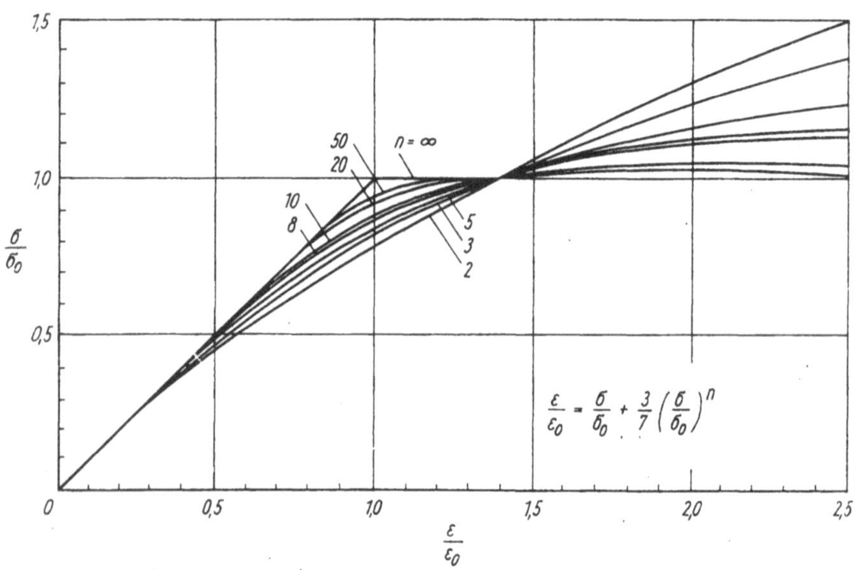

Abb. 1. Normiertes Spannungs-Dehnungs-Diagramm

aufweisen und sich in einem gemeinsamen Punkt schneiden. Ausgehend von der Ramberg-Osgood-Beziehung

$$\frac{\varepsilon}{\varepsilon_0} = \frac{\sigma}{\sigma_0} + \frac{3}{7}\left(\frac{\sigma}{\sigma_0}\right)^n$$

läßt sich das Verhalten eines Werkstoffes bei statischer Zugbeanspruchung durch den vom Verfestigungsvermögen bestimmten Exponenten n beschreiben. Andererseits kann die auf der Zunahme der Versetzungsdichte beruhende Verfestigung durch die Beziehung

$$\sigma = \sigma_i + \alpha \cdot G \cdot b \cdot \sqrt{\varrho} \tag{2}$$

ausgedrückt werden. Es bedeuten

σ_i Reibspannung im versetzungsfreien Werkstoff,
α Wirkparameter der Versetzungsfelder,
G Schubmodul,
b Burgers-Vektor,
ϱ Versetzungsdichte.

Durch Kombination der Gln. (1) und (2) wird es möglich, mit der Erzeugung bestimmter Versetzungsstrukturen den Exponenten n gezielt zu verändern und so die σ-ε-Kurve eines Werkstoffes dem gewünschten Anwendungszweck anzupassen. Auf diese Weise können die Tiefziehfähigkeit oder die Widerstandsfähigkeit gegen duktilen Bruch ohne aufwendige Prüfverfahren optimiert werden. Natürlich ergeben sich hieraus höhere Anforderungen an die Zugprüfmaschinen hinsichtlich der Einhaltung einer konstanten Dehngeschwindigkeit beim Übergang vom elastischen zum plastischen Bereich, der Erhöhung der Genauigkeit bei der Registrierung des Kraft-Verlängerungs-Diagramms und der Anwendung der EDV zur Meßwerterfassung und -auswertung.

Werkstoffkennwerte für die statische Langzeitbeanspruchung müssen mit Hilfe sehr zeitaufwendiger Standversuche ermittelt werden, da ihre sichere Extrapolation aus Kurzzeitversuchen trotz einer Vielzahl von Vorschlägen für graphische oder numerische Extrapolationsverfahren noch nicht möglich ist. Hier erscheint es vor allem notwendig, die mechanischen Untersuchungen mit dem Nachweis der während der Langzeitbeanspruchung auftretenden mikrostrukturellen Veränderungen zu verbinden. Abb. 2 zeigt den Einfluß des Bruchcharakters auf die Zeitstandkurve eines niedriglegierten Cr-Mo-Stahles 12 Ch 1 MF. Der für die Lebensdauer entscheidende Wechsel vom transkristallinen zum interkristallinen Bruch ist bedingt durch das Auftreten grober Ausscheidungen an den Korngrenzen (Abb. 3). Es kommt also darauf an, diese während des Kriechvorganges eintretenden Gefügeveränderungen durch zerstörungsfreie

Prüfverfahren zu erfassen und bei der Anwendung von Extrapolationsverfahren zu berücksichtigen.

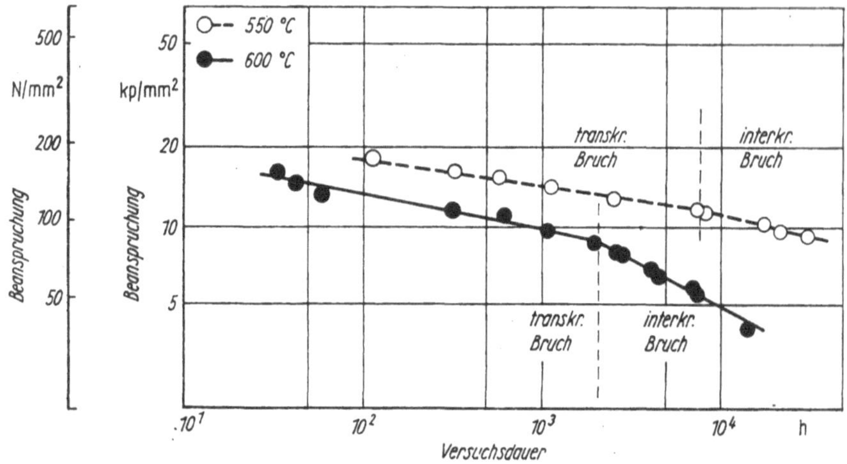

Abb. 2. Zeitstandkurven für den Stahl 12Ch 1MF

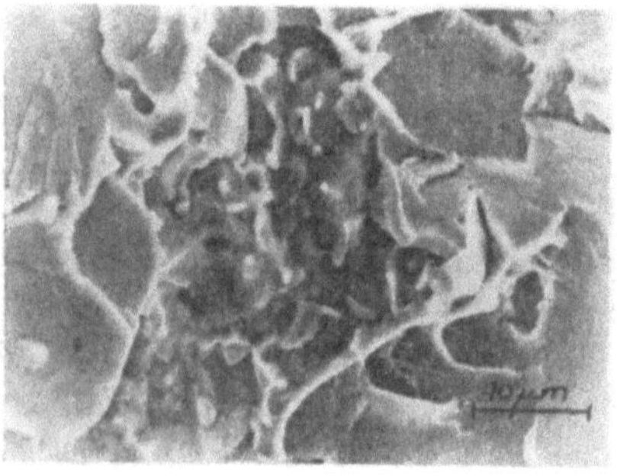

Abb. 3. Rasterelektronenmikroskopische Aufnahme eines Kriechbruches

Aus der technischen Entwicklung resultieren immer höhere Forderungen an die Widerstandsfähigkeit der Werkstoffe gegenüber dynamischen, d. h. schlag- oder stoßartig bzw. schwingend aufgebrachten Belastungen. Zur Untersuchung des Werkstoffverhaltens bei schlagartiger Beanspruchung hat in der Praxis bisher vor allem der Kerbschlagbiegeversuch Anwendung gefunden. Die oft kritisierten Unzulänglichkeiten dieses Versuches bestehen darin, daß die als Kennwert ermittelte Kerbschlagzähigkeit keine Anwendung bei Dimensionierungsberechnungen finden kann und außerdem die geringe Kerbschärfe der üblichen Probeformen keine Übertragung der Versuchsergebnisse auf das Zähigkeitsverhalten von Konstruktionsteilen gestattet. Diese Nachteile können durch eine Instrumentierung des Kerbschlagbiegeversuches und die Verwendung von Proben mit scharfen Kerben bzw. künstlichen Anrissen überwunden werden. Beim instrumentierten Kerbschlagbiegeversuch werden die Schlagkraft und Probendurchbiegung elektronisch gemessen und als Schlagkraft-Durchbiegungs-Diagramme auf einem Oszillographen aufgezeichnet. Abb. 4 zeigt einige derartige Diagramme für verschiedene Brucharten und die hieraus bestimmbare Bruch- und Fließlast in Abhängigkeit von der Temperatur. Eine Analyse des Bruchvorganges hat ergeben, daß bei Kenntnis der Bruch- und Fließlastkurven eine mikroskopische Bruchspannung σ_c berechnet werden kann. Diese Bruchspannung σ_c ist als die Zugfestigkeit einer im Kerbgrund liegenden Miniaturzugprobe, deren Zerreißen zur Bildung eines Mikrorisses führt, aufzufassen. Mit Hilfe von σ_c ist es möglich, metallurgische Einflüsse auf das Zähigkeits-

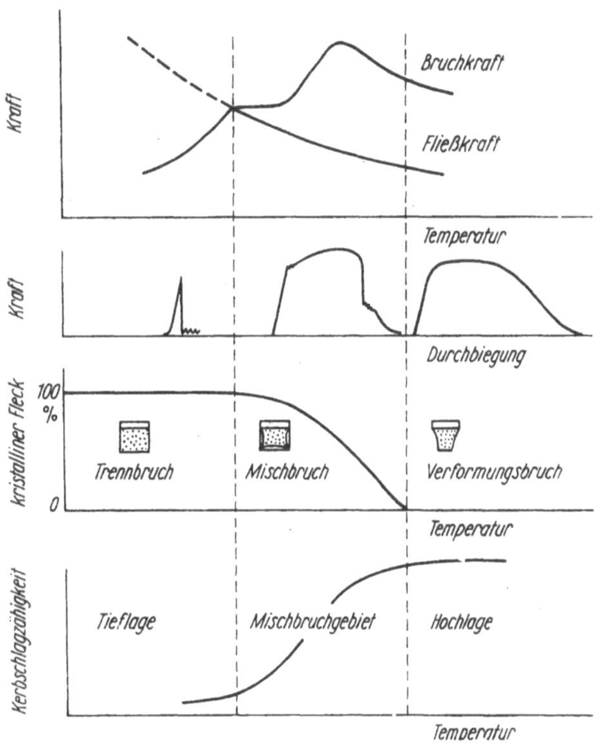

Abb. 4. Kennwerte des instrumentierten Kerbschlagbiegeversuches in Abhängigkeit von der Temperatur

verhalten von Stahl besser zu erfassen und damit eine Entwicklung von Werkstoffen höherer Bruchsicherheit zu gewährleisten. Im Zusammenhang mit dem Werkstoffverhalten bei stoßartigen Belastungen von Konstruktionen oder bei der Hochgeschwindigkeitsumformung besteht ein zunehmendes Interesse an Prüfverfahren für extrem hohe Verformungsgeschwindigkeiten, wie sie u. a. durch das Zünden einer Sprengladung oder durch Aufschießen eines Projektils erzielt werden. Abb. 5 zeigt den schematischen Aufbau einer HOPKINSON-Anlage, in der die Belastung einer zylindrischen Probe durch eine ebene Spannungs-

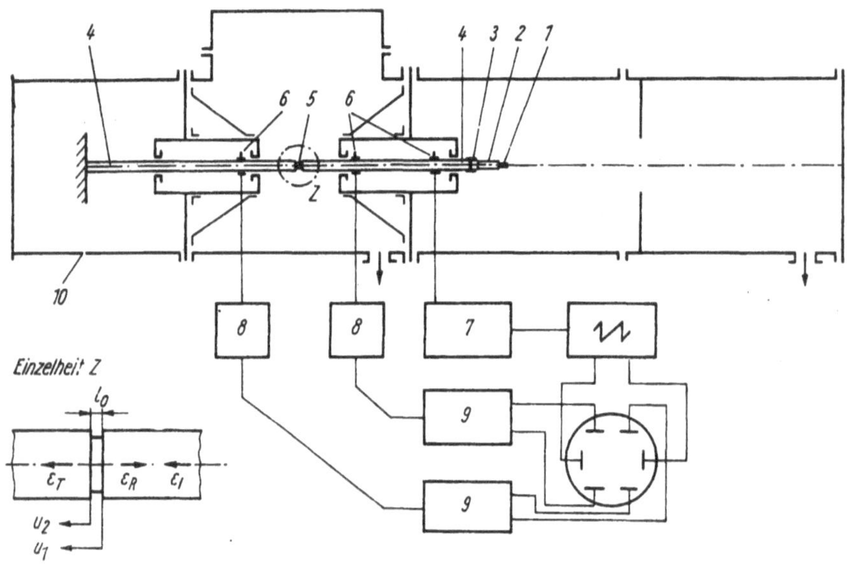

Abb. 5. Schematische Darstellung einer HOPKINSON-Prüfeinrichtung

1 Zünder
2 Sprengstoff
3 selektives Glied
4 HOPKINSON-Stange
5 Probe

welle erfolgt. Diese Spannungswelle wird teils an der Probe reflektiert, teils geht sie durch die Probe hindurch. Zur Bestimmung der dynamischen Spannungs-Dehnungs-Beziehung muß die Zeitabhängigkeit der einfallenden, der reflektierten und der durch die Probe hindurchlaufenden Spannungswelle gemessen werden, was eine hohe Meßgenauigkeit der Aufnehmer und der Registriereinrichtung erforderlich macht.

Eine relativ einfache Möglichkeit der Untersuchung des Schädigungsverhaltens bei Schwingbeanspruchungen mit unterschiedlicher Spannungsamplitude ist der Zweistufenversuch (Abb. 6). Durch einen einmaligen Wechsel der Spannungsamplitude im Wöhler-Versuch erhält man Schadenskurven, die wiederum mit mathematischen Ansätzen zur Schadensakkumulation in Verbindung gebracht werden können.

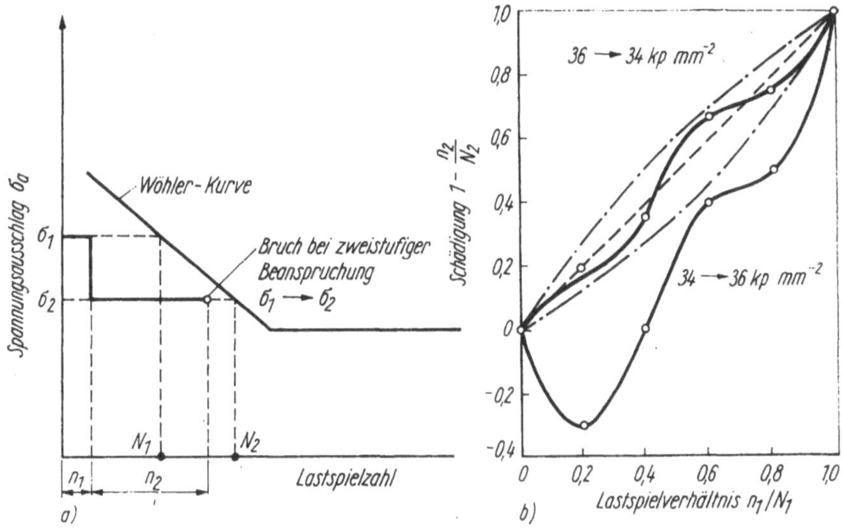

Abb. 6. Anwendung des Zweistufenversuches zur Untersuchung der Schadensakkumulation
a) Zweistufenversuch (schematisch)
b) Schadenskurven für den Stahl C 35

Die größten Fortschritte bei der Ableitung werkstoffphysikalisch begründeter Kenngrößen werden gegenwärtig zweifellos von der Bruchmechanik erwartet. Da über die theoretischen Grundlagen bereits in einer Klassensitzung diskutiert wurde, soll nur noch einmal kurz auf einige Aspekte der Bruchmechanik aus der Sicht der Werkstoffprüfung eingegangen werden.

Das Konzept der Bruchmechanik wird mit der Erfahrung begründet, daß eine Bruchauslösung in mechanisch oder korrosiv beanspruchten Bauteilen durch die Ausbreitung von Rissen bedingt ist (Abb. 7). Die Bruchmechanik gestattet es nun, quantitative Beziehungen zwischen den Spannungen, Abmessungen, der Form und Größe vorhandener Risse sowie der Eigenzähigkeit des Werkstoffes herzustellen (Abb. 8). Für den Fall der linear-elastischen Bruchmechanik (LEBM) lauten diese Beziehungen

$$K_{Ic} = \sigma \sqrt{\pi \cdot l \cdot f} \quad \text{in } \mathrm{Nmm}^{-3/2} \tag{3}$$

	Festkörperphysik	Werkstoffwissenschaft	Festkörpermechanik
Untersuchungsobjekt:	Rißbildung und -ausbreitung durch Zerstörung atomarer bzw. molekularer Bindungen	Einfluß von Gefüge (Korngrenzen, Einschlüsse, Ausscheidungen) auf die Rißbildung und -ausbreitung Ausbildung der plastischen Zone an der Rißspitze	Stabile und instabile Ausbreitung von Makrorissen bis zum Bruch infolge statischer oder dynamischer Beanspruchung
charakteristische Größenordnung:	10^{-8} cm	10^{-3} cm	$> 10^{-1}$ cm
schematische Darstellung:		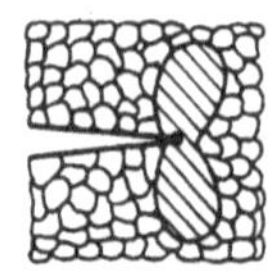	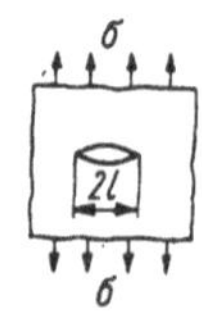
charakteristische Parameter:	atomare Spannungs-Dehnungs-Kurve, Oberflächenenergie.	Werkstoffkenngrößen, z.B. Bruchzähigkeit K_{IC}, K_{ISCC}, kritische Rißöffnung δ_c, Rißwachstumgeschwindigkeit dl/dN Radius der plastischen Zone, Bruchaussehen.	Spannungsintensitäts-Faktoren K_I, K_{II}, K_{III}; Verformungsenergiedichte-Faktor S; zulässige Spannungen bzw. Fehlergrößen.

Abb. 7. Rißausbreitung in atomaren, mikroskopischen und makroskopischen Bereichen

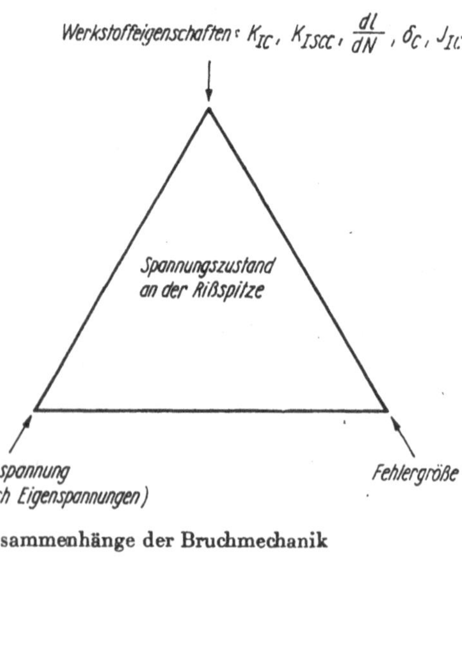

Abb. 8. Zusammenhänge der Bruchmechanik

für die instabile Rißausbreitung (Sprödbruch)
und

$$\frac{dl}{dN} = c \cdot \Delta K^m \quad \text{in mm} \cdot \text{Lastspiel}^{-1} \tag{4}$$

für die stabile Rißausbreitung bei wechselnder Beanspruchung (Dauerbruch).
Es bedeuten

K_{Ic} Bruchzähigkeit,
$\frac{dl}{dN}$ Rißausbreitungsgeschwindigkeit,
ΔK zyklischer Spannungsintensitätsfaktor,
f Geometriefaktor,
c, m Konstanten,
σ Nennspannung,
l Rißlänge.

Mit den Kenngrößen Bruchzähigkeit K_{Ic} bzw. Rißwachstumsgeschwindigkeit dl/dN ist es möglich, die während der Fertigung oder des Betriebes entstandenen Risse bei dem rechnerischen Sprödbruch- bzw. Dauerfestigkeitsnachweis zu berücksichtigen oder aber bestimmte Gegenmaßnahmen wie Lastminderungen, Reparaturschweißungen u. ä. zu ergreifen.

Zur Ermittlung bruchmechanischer Werkstoffkennwerte wurden, ausgehend von der Analyse des Spannungszustandes an der Rißspitze, spezielle Proben (Abb. 9) und Auswerteverfahren entwickelt. Die Kraft-Kerbaufweitungs-Diagramme (Abb. 9 unten) können als Fließkurven für ungleichmäßige Beanspruchung angesehen werden. Die z. Z. bekannten Kenngrößen der Bruchmechanik, die prinzipiell für alle in der Praxis auftretenden Brucherscheinungen, wie Sprödbruch, Dauerbruch, Kriechbruch oder Bruch infolge Spannungsrißkorrosion, anwendbar sind, enthält Tabelle 2. In Tabelle 3 sind die erforderlichen Arbeitsetappen bei der Anwendung der Bruchmechanik zusammengestellt.

Die Bruchmechanik wird zukünftig nicht nur zu verbesserten Dimensionierungs- und Sicherheitsvorschriften für bruchgefährdete Bauteile führen, sondern sie ist auch ein wichtiges Hilfsmittel bei der Werkstoffentwicklung. Dies gilt besonders für die Optimierung des Festigkeits- und Zähigkeitsverhaltens von höherfesten Stählen und Werkzeugstählen. Unbedingt erforderlich ist die Anwendung der Bruchmechanik bei spröden Sinterwerkstoffen wie Oxidkeramik, Porzellan, WC-Co-Legierungen usw. Da das Verschleißverhalten dieser Werkstoffe durch Kornausbröcklungen an inneren und äußeren Kerben bestimmt wird, besteht auch ein enger Zusammenhang zwischen der Bruchzähigkeit und dem Verschleißverhalten bzw. der Temperaturwechselbeständigkeit hochwarmfester keramischer Werkstoffe.

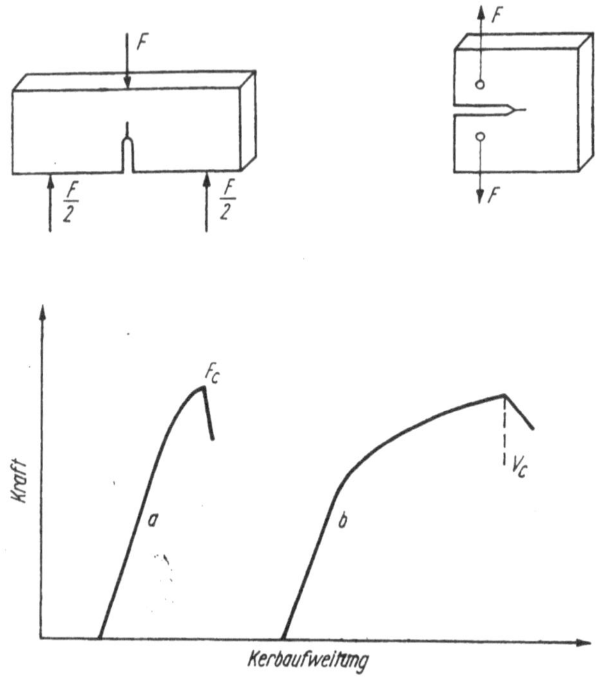

Abb. 9. Probeformen und Versuchsauswertung für bruchmechanische Untersuchungen
a) linear-elastische Bruchmechanik b) Fließbruchmechanik

Fast alle technischen Werkstoffe haben ein mikroskopisch bzw. makroskopisch heterogenes Gefüge. Zur Erklärung der Vorgänge in mechanisch beanspruchten Werkstoffen mit mehrphasigem Gefügeaufbau ist die Bestimmung des Spannungszustandes in den einzelnen Phasen mit Hilfe der röntgenographischen Spannungsmeßtechnik eine wichtige Voraussetzung. Abb. 10 zeigt die Aufteilung der Last- und Eigenspannungen in dem Stahl C130 mit ferritisch-zementitischem Gefüge. Mit einer verfeinerten Meßtechnik soll zukünftig versucht werden, die Spannungsaufteilung auf die einzelnen Phasen in der unmittelbaren Umgebung der Rißspitze zu erfassen, um damit die experimentelle Begründung physikalischer Modelle der Rißausbreitung in einem heterogenen Gefüge zu ermöglichen.

Auf weitere interessante Anwendungsgebiete der Bruchmechanik, z. B. in der Geologie (Bruchfestigkeit von Gestein, unterirdische Gasspeicher) oder Medizin (Bruchzähigkeit von Knochen) soll nur hingewiesen werden.

Tabelle 2. Konzepte, Kennwerte und Sicherheitskriterien der Bruchmechanik

Bruchmechanik-Konzept	Beanspruchung	Bemessungsgröße		Werkstoffkenngröße	Beurteilung
LEBM	statisch (ohne Medieneinfluß)	K_I (G_I)	$<$ $>$	K_{Ic} (G_{Ic})	sicher Sprödbruch
LEBM	statisch (mit Medieneinfluß)	K_I	$<$ $>$	K_{Iscc}	sicher Rißfortschritt durch Spannungsrißkorrosion
LEBM	wechselnd	ΔK	$<$ $>$	ΔK_{min}	sicher Rißfortschritt durch Ermüdung
Fließbruchmechanik (COD)	statisch	δ	$<$ $>$	δ_c	sicher sprödartiger Bruch
Fließbruchmechanik (J-Integral)	statisch	J	$<$ $>$	J_{Ic}	sicher sprödartiger Bruch
LEBM	schlagartig (bewegte Risse)	K_I	$<$ $>$	K_{Id}·(K_{IA})	Rißstillstand kein Rißstillstand
Fließbruchmechanik	schlagartig (bewegte Risse)	δ	$<$ $>$	δ_{cd}	Rißstillstand kein Rißstillstand

Tabelle 3. Einbeziehung der Bruchmechanik in Dimensionierungs- und Sicherheitsbetrachtungen

Arbeitsetappe	Aufgaben
Spannungsanalyse	Ermittlung der Bemessungsgrößen (s. Tabelle 1) entsprechend den vorliegenden Beanspruchungsbedingungen
Werkstoffprüfung	Ermittlung bruchmechanischer Werkstoffkennwerte (s. Tabelle 1)
Dimensionierung und Konstruktion	Ermittlung der kritischen und Festlegung einer zulässigen Fehlergröße; Ermittlung der Lebensdauer bzw. Festlegung der Zeitdauer von Wiederholungsprüfungen
Fertigung	Auswahl solcher Fertigungstechnologien, die gewährleisten, daß die Größe der unvermeidbaren Fehler (z. B. in Schweißverbindungen) kleiner ist als die zulässige Fehlergröße
Kontrolle	Ermittlung von Art, Größe und Lage der Fehler mit zerstörungsfreien Prüfverfahren; Nachweis der Rißbildung bei Abnahme- und Wiederholungsprüfungen
Betriebsüberwachung	Regelmäßige Überprüfung der Betriebssicherheit in den festgelegten Inspektionszeiträumen bzw. ständige Überwachung des Rißwachstums mit automatisierten zerstörungsfreien Prüfverfahren

Die Bruchmechanik hat naturgemäß auch zu einer wesentlich engeren Verbindung der Kennwertermittlung mit der Fehler- und Qualitätsprüfung geführt. Diese Entwicklung weiter voranzutreiben, muß ein Schwerpunkt der zukünftigen Forschungsarbeit sein.

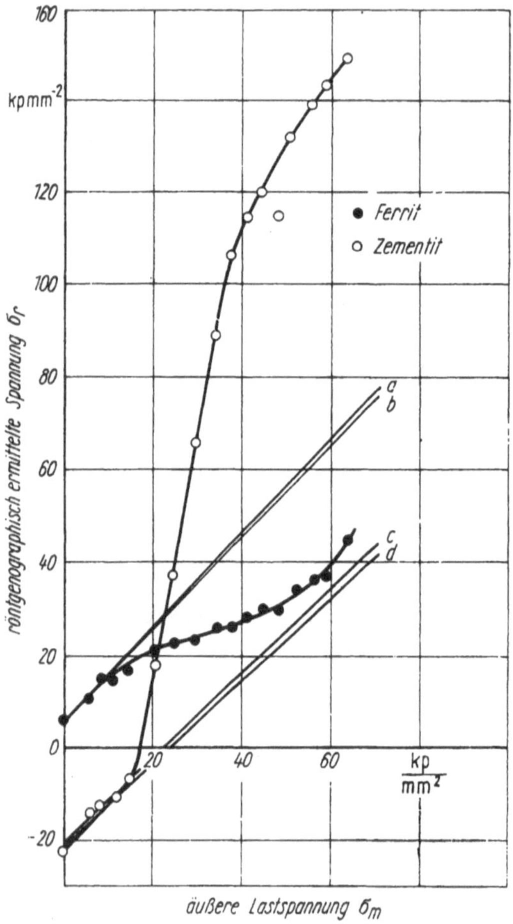

Abb. 10. Röntgenographisch ermittelte Spannungen in den Phasen eines Stahles mit heterogenem Gefügeaufbau in Abhängigkeit von der äußeren Lastspannung
(die Geraden a bis d sind die Grenzen einer rechnerischen Abschätzung der elastischen Spannungen)

3. Fehler- und Qualitätsprüfung

Die Entwicklung der vorwiegend zerstörungsfreien Prüfmethoden zur Fehler- und Qualitätsprüfung wird durch den Übergang von der einfachen Gut-Schlecht-Sortierung zu einer quantitativen Erfassung der vorhandenen Fehler bzw. der Gefüge- und Behandlungszustände charakterisiert. Man bringt dies heute mit den Begriffen Defektometrie und Qualimetrie zum Ausdruck. Auch hierzu sollen nachfolgend einige Beispiele aus der eigenen Forschungsarbeit angeführt werden.

In den letzten Jahren hat die Schallemissionsanalyse als ein zerstörungsfreies Verfahren zum Nachweis von Rissen und plastischen Deformationen stark an Bedeutung gewonnen. Gegenwärtig wird diese Methode als eines der aussichtsreichsten Mittel zum Verständnis der Vorgänge in beanspruchten Werkstoffen bzw. Bauteilen angesehen.

Bei der SEA nutzt man die vom Zinngeschrei seit langem bekannte Tatsache, daß belastete Werkstoffe Schallimpulse emittieren. Das Frequenzspektrum dieser Schallimpulse ist relativ breitbandig, jedoch liegen die für die Werkstoffprüfung verwertbaren Frequenzen zwischen 50 KHz und 1,5 MHz, da bei niedrigeren Frequenzen der Einfluß von Fremdgeräuschen zu groß wird und bei Frequenzen > 1 MHz die Intensität durch die Dämpfung im Material zu stark abnimmt. Als praktische Anwendung ergibt sich hieraus die Möglichkeit zur Betriebsüberwachung rißgefährdeter Bauteile, z. B. innendruckbeanspruchter Druckbehälter oder Rohrleitungen. Dabei liegt der besondere Vorteil dieser Methode in der schon mit einer kleinen Anzahl von Schallaufnehmern möglichen 100%igen zerstörungsfreien Kontrolle und einer unmittelbaren Anzeige zum Zeitpunkt der Schädigung.

In gleicher Weise findet die SEA Anwendung zum Nachweis des Rißfortschritts bei Ermüdung oder Spannungsrißkorrosion, des Rißverlaufes in Verbundwerkstoffen oder Klebverbindungen und zur Untersuchung der Rißbildung beim Schweißen. Eine weitere interessante Applikationsmöglichkeit bietet die Untersuchung der Zerspanbarkeit (Abb. 11). Es erscheint möglich, hieraus ein Abnahmeprüfverfahren für die Zerspanbarkeit zu entwickeln.

In der Ultraschallmeßtechnik nutzt man bisher nur die Möglichkeit zur Fehlerortung mit Hilfe einer Laufzeitmessung des Ultraschallimpulses und die Schallschwächung aus. Der Informationsgehalt kann aber erheblich erweitert werden, wenn das gesamte Frequenzspektrum der Ultraschallreflexionen analysiert wird. Diese als Ultraschallspektrometrie bezeichnete Methode eröffnet neue Möglichkeiten für die Fehlerbestimmung und Gefügeanalyse. In Abb. 12 ist ein US-Reflektogramm mit dem vom Gefügezustand abhängigen Reverberationsspektrum dargestellt. Aus diesen Gefügereverberationen, die das Ergebnis

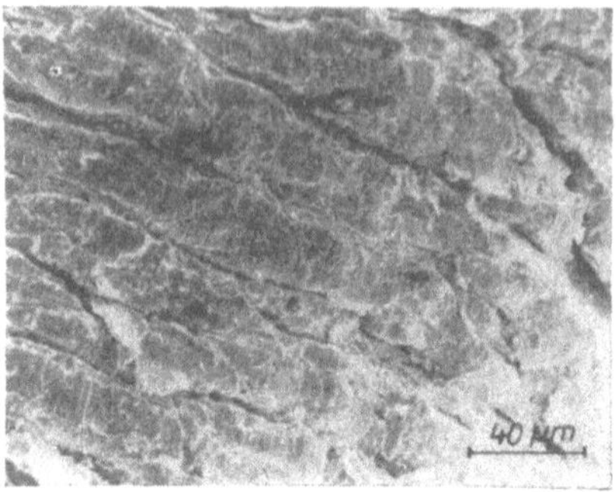

Span-Oberseite

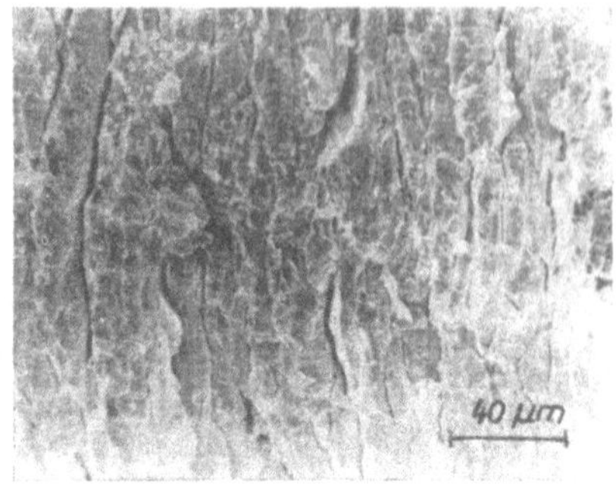

Span-Oberseite

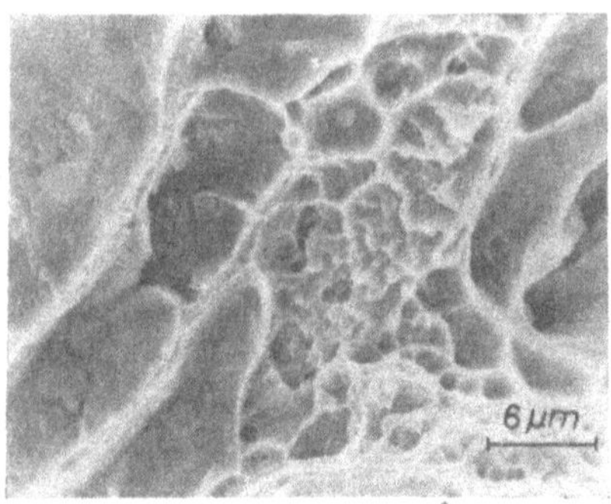

Span-Bruchfläche

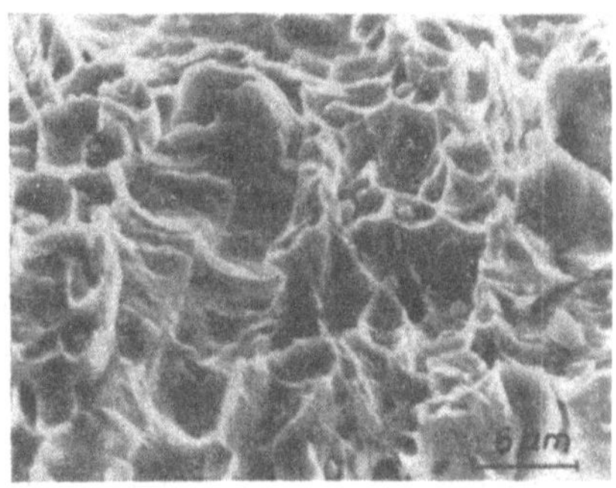

Span-Bruchfläche

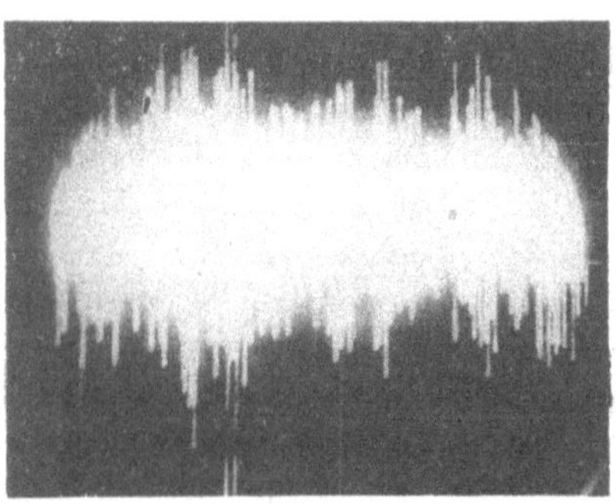

Schallemissionsspektrum

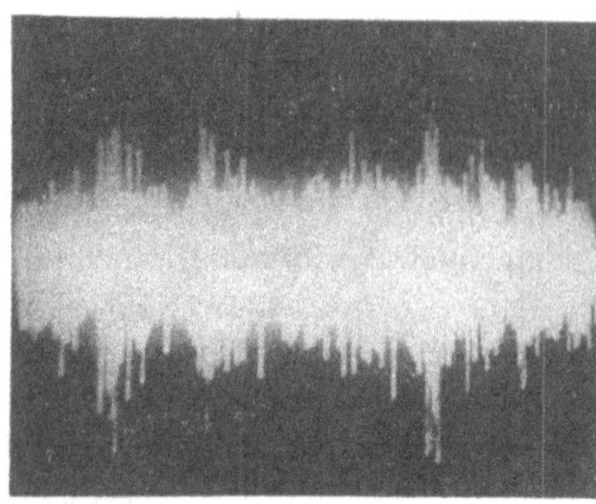

Schallemissionsspektrum

Abb. 11. Anwendung der Schallemissions-Analyse zur Untersuchung der Zerspanbarkeit

der Wechselwirkungen zwischen den Schallwellen und den Gefügebestandteilen sind, können unter Zuhilfenahme von statistischen Auswertemethoden Aussagen über die Korngröße, Einschlüsse, Einhärtetiefe, Seigerungen, Mikrorisse u. ä. abgeleitet werden.

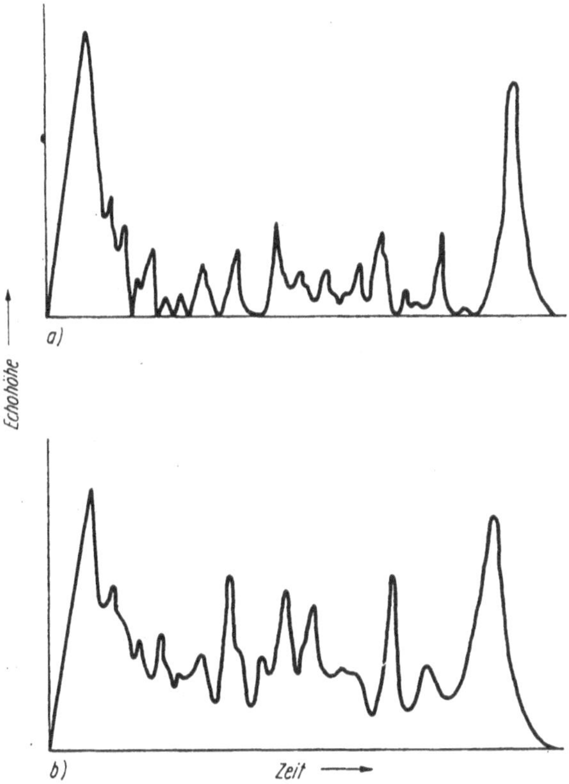

Abb. 12. Ultraschall-Reverberationsspektrum
a) Prüfkopf ruhend
b) Prüfkopf bewegt

Wie spezielle Prüfprobleme der Praxis gelöst werden können, wenn man sich in grundsätzlicher Weise mit den physikalischen Eigenschaften der Werkstoffe beschäftigt, soll an einem abschließenden Beispiel gezeigt werden. Für die Automatisierung der Fertigung von Tempergußteilen ist eine Kontrolle des nach dem Tempern vorliegenden Gefügezustandes erforderlich. Voruntersuchungen haben ergeben, daß bei diesem Werkstoff die Koerzitivfeldstärke bereits auf sehr geringe Gefügeschwankungen deutlich anspricht. Da bei kurzen und dicken Teilen die Koerzitivfeldstärke indirekt über die Restinduktion bestimmt werden kann, wurde zur zerstörungsfreien Kontrolle des Gefügezustandes ein einfaches Prüfgerät, dessen Kernstück ein elektronisches Fluxmeter ist, entwickelt und erfolgreich in der Praxis getestet.

4. *Abschließende Bemerkungen*

Die angeführten Beispiele zur Ableitung werkstoffphysikalisch begründeter Kenngrößen aus dem Verständnis der mikrostrukturellen Vorgänge in mechanisch beanspruchten Werkstoffen und die damit in enger Verbindung stehende Ausnutzung physikalischer Effekte zur zerstörungsfreien Fehler- und Qualitätsprüfung lassen erkennen, daß es auf diesen Gebieten noch viele Möglichkeiten einer stärkeren Zusammenarbeit von Festkörperphysikern, Festkörpermechanikern und Werkstofftechnikern gibt. Die Entwicklung und Anwendung neuer Methoden zur Werkstoffprüfung ist sowohl für die werkstoffwissenschaftliche Grundlagenforschung als auch für die Bereitstellung und Anwendung hochentwickelter und leichtbautypischer Materialien unerläßlich. Es ist deshalb notwendig, dieser Problematik bei der weiteren Konzipierung der langfristigen Grundlagenforschung noch größere Aufmerksamkeit zu schenken, gleichzeitig aber auch bessere Voraussetzungen für die Überführung der erzielten Forschungsergebnisse zu schaffen und die bereits angelaufenen Maßnahmen zur internationalen Abstimmung im Rahmen des RGW-Komplexprogramms sowie der bilateralen Akademieabkommen zielstrebig weiterzuführen. Schließlich macht es der interdisziplinäre Charakter der Werkstoffprüfung unbedingt erforderlich, die Verbindungen zu anderen Hauptforschungsrichtungen und Forschungsprogrammen weiter zu festigen.

Technische Anwendungsmöglichkeiten der Tieftemperatur — TMB (thermo-mechanische Behandlung)

Hermann Schumann

1. Einleitung

Schon vor Jahrtausenden hat die Menschheit empirisch gelernt, die mechanischen Eigenschaften der Metalle und Legierungen durch eine plastische Deformation, z. B. Hämmern, oder durch eine Wärmebehandlung, z. B. Härten von Stahl, zu verändern und gezielt zu verbessern. Die wissenschaftlichen Grundlagen für diese Verfahren konnten hingegen erst in den letzten 50 Jahren geschaffen werden.

Es liegt nahe, beide technologischen Methoden miteinander zu kombinieren, um weitere Eigenschaftsverbesserungen zu erreichen. Technisch bedeutungsvolle Anfänge hierzu gibt es in der *t*hermo-*m*echanischen *B*ehandlung (*TMB*) der Stähle. Zweckmäßigerweise unterscheidet man die einzelnen Verfahren je nach der Lage der Deformationstemperatur zur Rekristallisationstemperatur (Abb. 1):

a) Bei der *Hochtemperatur — TMB* liegt die Deformationstemperatur oberhalb der Rekristallisationstemperatur. Es findet demnach im Prinzip eine Warmverformung statt. Die festigkeitssteigernde Wirkung beruht auf einer Kornverfeinerung des Austenits durch Rekristallisation, wodurch auch die bei der nachfolgenden Umwandlung entstehenden Phasen, nämlich Ferrit, Perlit, Bainit oder Martensit, gefeint werden, auf einer Veränderung des Keimzustandes des Austenits, die zu einer sehr kleinen Partikelgröße der Karbide führt, und schließlich auf einer Vererbung der während der Deformation im Austenit gebildeten und durch die Rekristallisation noch nicht wieder beseitigten Gitterbaufehler, vor allem Versetzungen. Deformations- und Umwandlungsspannungen werden weitgehend abgebaut.

b) Bei der *Tieftemperatur — TMB* liegt die Deformationstemperatur unterhalb der Rekristallisationstemperatur. Es findet eine plastische Kaltverformung mit Verfestigung statt, d. h. weder die Gitterbaufehler noch die Eigenspannungen werden nachträglich durch eine Rekristallisation beseitigt, sondern vollständig von der sekundären Phase, meist Martensit, übernommen. Da die Austenit/Martensit-Umwandlung infolge der Volumen- und Formänderungen gleichfalls mit der Ausbildung eines Eigenspannungszustandes und mit der

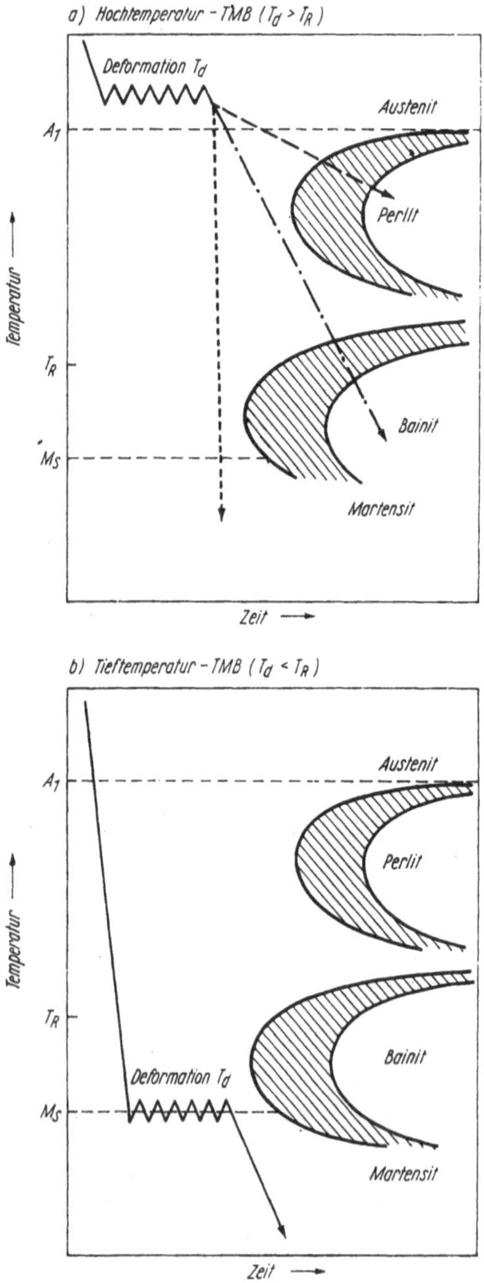

Abb. 1. Thermomechanische Behandlung von Stahl (*TMB*)

Entstehung von Versetzungen verbunden ist, erfolgt eine ziemlich komplizierte Wechselwirkung zwischen den Deformationsspannungen und den Umwandlungsspannungen, wodurch mehrere neuartige Effekte entstehen. Darüber soll nachfolgend berichtet werden.

Die thermo-mechanische Behandlung der Stähle stellt eine moderne Verfahrenstechnik zur Herstellung von Erzeugnissen mit verbesserten Gebrauchseigenschaften dar. Ihre Durchführung setzt jedoch sehr genaue Kenntnisse über die Werkstoffeigenschaften voraus und verlangt neben besonderen apparativen und meßtechnischen Einrichtungen auch eine sehr präzise technologische Arbeitsweise. Damit werden der Metalltechnologie neue, höhere Maßstäbe gesetzt.

Darüber hinaus hat sich ergeben, daß ein Teil der aufgefundenen neuen Effekte bei bereits handelsüblichen Legierungen unter bestimmten Beanspruchungsverhältnisssen auftreten und zu einem unerwarteten Versagen führen können. Die Schadensforschung wird somit unmittelbar berührt.

2. Grundlagen

Bei der Tieftemperatur—*TMB* erfolgt in der Regel während oder nach der Deformation eine Umwandlung des Austenits in Martensit. Diese athermische Reaktion ist durch eine gleichzeitige und geregelte Bewegung sehr vieler Atome in bestimmten kristallographischen Ebenen und Richtungen gekennzeichnet und kann bei den tiefsten Temperaturen und bei den höchsten Geschwindigkeiten ablaufen. Ähnlich wie bei der mechanischen Zwillingsbildung handelt es sich um Scherumwandlungen.

Bei der Martensitbildung ändert ein Volumenbereich der Matrix sowohl seine Größe (Volumenänderung $\Delta V/V$) als auch seine Form (Abb. 2). Dadurch entstehen Eigenspannungen, die teilweise durch plastisches Fließen abgebaut werden. Speziell die Formänderung kann große Beträge annehmen. Bei der kristallographisch einfachsten Gitterumwandlung kubisch-flächenzentriert → hexagonal geht z. B. ein kugelförmiges Volumenelement in ein Deformationsellipsoid über (Abb. 3), wobei in Richtung der großen Halbachse a eine Längenzunahme um 19%, senkrecht dazu in Richtung b eine Längenabnahme um 16% stattfindet. Das Volumen bleibt bei diesem Schervorgang konstant. Mathematisch wird die Formänderung durch die Transformationsmatrix T beschrieben.

Die Thermodynamik der Martensitbildung geht von folgenden Vorstellungen aus. Bei der Martensitbildung muß Energie aufgebracht werden zur Erzeugung neuer Oberflächen, zum Aufbau des elastischen Eigenspannungszustandes sowie zur Durchführung der plastischen Anpassungsdeformationen zwischen Martensit

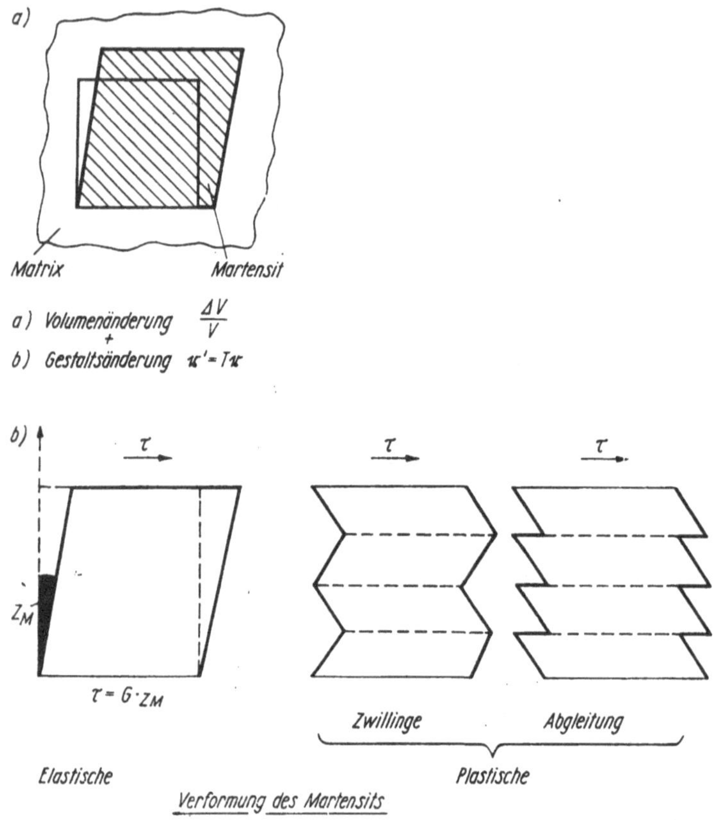

Abb. 2. Volumen- und Formänderung eines Martensitkristalls in der Matrix a) sowie Anpassungsdeformation des Martensits b)

und Matrix. Diese Energie wird geliefert durch die Differenz der freien Energien zwischen Austenit und Martensit unterhalb der Gleichgewichtstemperatur T_0:

$$\Delta F(T) = F^{M} - F^{A} < 0 \tag{1}$$

Δ F(T), die sog. chemische Triebkraft, muß einen bestimmten kritischen Grenzwert erreichen, damit die Martensitbildung bei der Temperatur $M_s < T_0$ beginnen kann (Abb. 4):

$$\Delta F(T) \geqq \Delta F^{M}_{\mathrm{krit}} = E^{X}_{\mathrm{el}} + E_{\mathrm{pl}} \tag{2}$$

Für die γ/α-Umwandlung in Stählen werden für den kritischen Wert angegeben [1]: 290 cal/mol für C-Stähle und 200 cal/mol für Ni-Stähle.

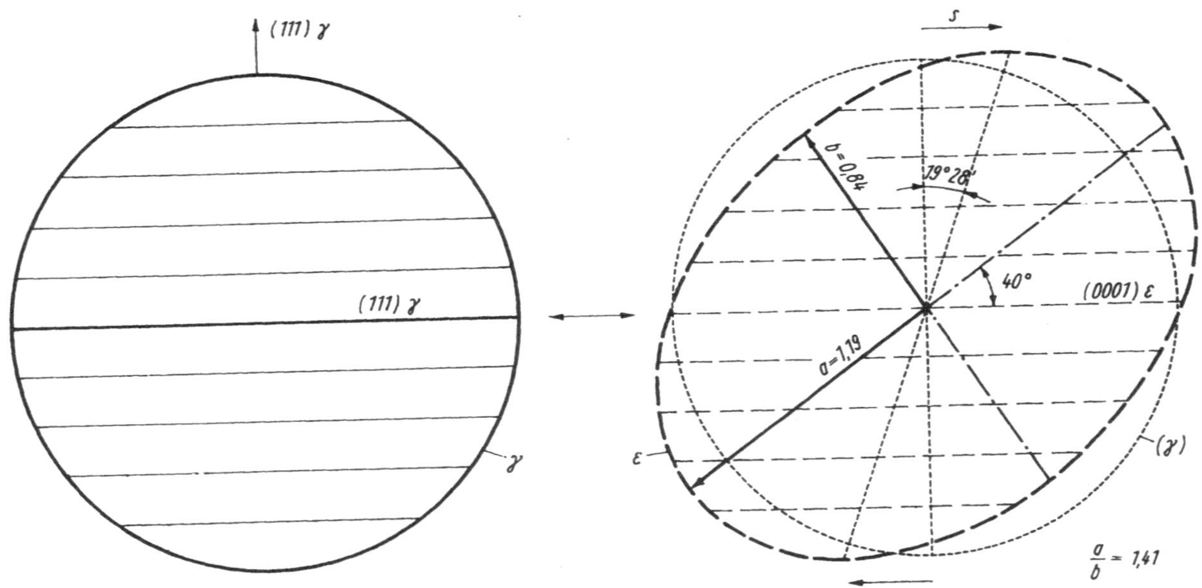

Abb. 3. Scherungsbedingte Formänderung bei der martensitischen Umgitterung kubisch-flächenzentriertes γ → hexagonales ε

Wegen der Volumen- und Formänderungen besteht die Möglichkeit, die martensitischen Umwandlungen durch eine äußere Spannung σ zu beeinflussen:

a) Normalspannungen σ_N wirken sich je nach dem Vorzeichen und dem Typ der Umwandlung begünstigend oder hemmend auf die Volumenänderung aus.
b) Schubspannungen τ begünstigen immer die Formänderungen, da wegen der Kristallsymmetrie stets geeignete, günstig orientierte Schersysteme vorhanden sind.

Äußere Spannungen leisten also bei der Martensitbildung eine mechanische Arbeit A(σ), die je nach dem Vorzeichen den kritischen Grenzwert der freien Energie erhöht oder erniedrigt (Abb. 4). Es ergibt sich:

$$\Delta F(T) \pm A(\sigma) = E_{\text{el}}^{x} + E_{\text{pl}}. \quad (3)$$

Auf der linken Seite der Gleichung stehen die Antriebskräfte, auf der rechten Seite die zu überwindenden ‚Widerstände' bei der Martensitbildung.

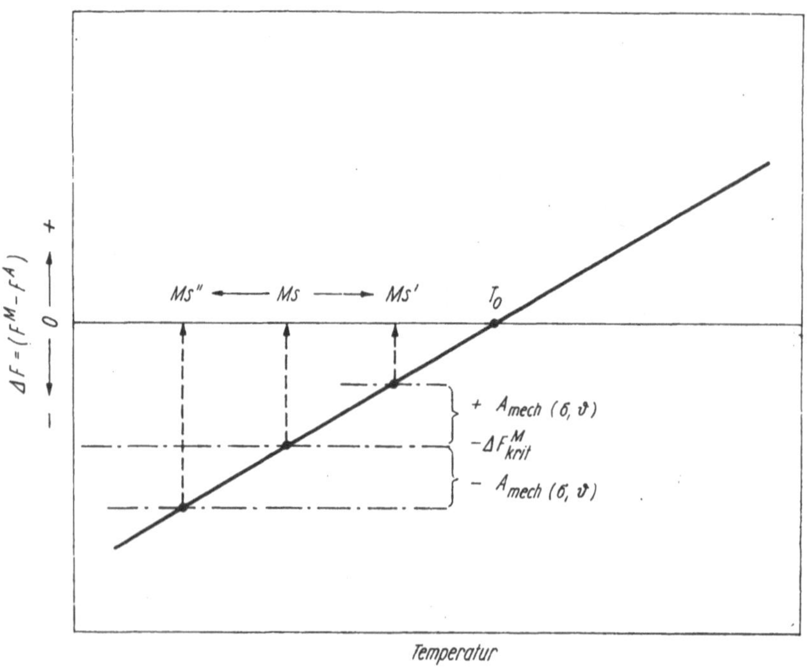

Abb. 4. Zur Thermodynamik der spannungsinduzierten Martensitbildung

Die Höhe der Normal- und Schubspannungen hängt von den Winkeln ab, den die äußere Spannung σ mit der martensitischen Scherebene und mit der Scherrichtung bildet. Da die Scherung s_M meistens viel größer ist als die Volumenänderung Δ V/V bzw. die Längenänderung δ_N senkrecht zur Martensitplatte (bei der γ/α-Umwandlung ist z. B. $s_M = 0{,}20$, $\delta_N = 0{,}04$), ergibt sich näherungsweise für einen einachsigen Spannungszustand für die mechanische Arbeit:

$$A(\sigma) \approx s_M \cdot \tau = s_M \cdot \mu \cdot \sigma \tag{4}$$

mit dem Orientierungsfaktor $\mu = \sin \alpha \cdot \cos \beta$. Zusammenfassend erhält man:

$$\Delta F(T) + s_M \cdot \mu \cdot \sigma \geqq E^x_{el} + E_{pl}\,. \tag{5}$$

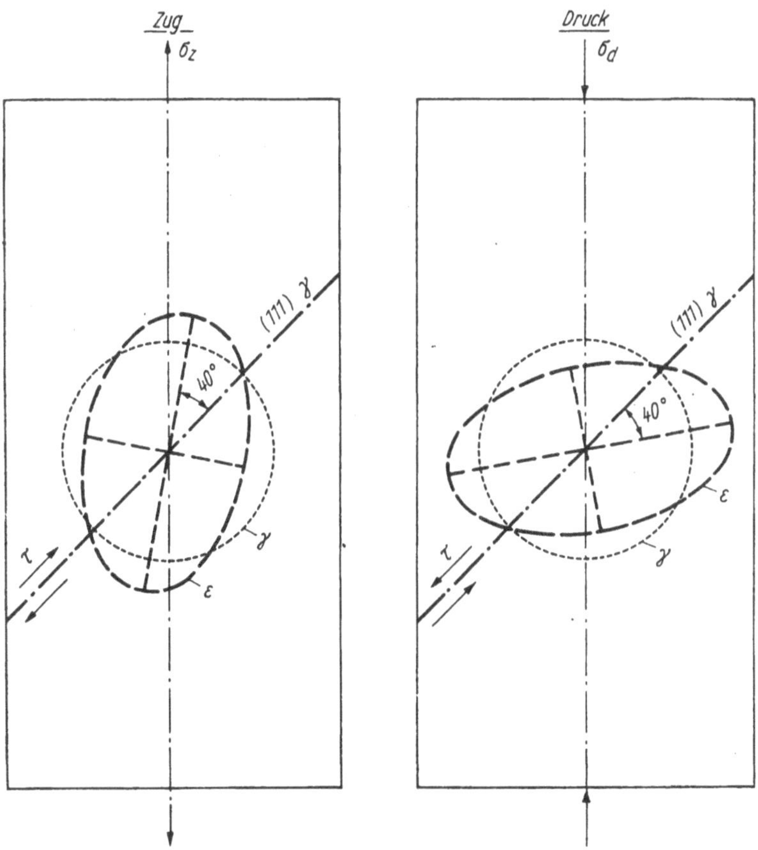

Abb. 5. Lage des Deformationsellipsoids bei Zug- und Druckbeanspruchung

Wenn auch die Terme E_{el}^{x} und E_{pl} häufig nicht sehr genau bekannt sind, lassen sich aus dieser Grundgleichung doch zahlreiche Folgerungen für die Tieftemperatur—*TMB* ziehen. Die beiden wichtigsten sind:

a) Die chemische Triebkraft Δ F(T) kann in einem gewissen Umfang durch die äußeren Spannungen σ ersetzt werden. So wird durch äußere Spannungen eine Martensitbildung erzwungen, auch wenn beim Abkühlen die M_s-Temperatur noch nicht erreicht worden ist (spannungs- bzw. verformungsinduzierte Martensitbildung bei $\sigma < \sigma_F$ bzw. $\sigma_F > \sigma$ [2]).

b) Äußere Spannungen wirken um so stärker ein, je größer der Orientierungsfaktor μ ist. Dies hat zur Folge, daß spannungs- bzw. verformungsinduzierter Martensit in einer Vorzugsorientierung zur äußeren Spannungsrichtung gebildet wird. Es entsteht eine Textur, wobei auch die Deformationsellipsoide ausgerichtet werden (Abb. 5).

3. Technische Anwendungsmöglichkeiten

3.1. Ferroelastizität

In manchen Legierungen kommt es unter der Einwirkung einer äußeren Spannung zu einer quasi-reversiblen Zwillingsbildung. Δ F(T) in Gl. (5) ist dann Null, und an Stelle von s_M tritt dann die Zwillingsscherung s_z. Beim erstmaligen Belasten kommt es zunächst zur Hookeschen Dehnung (Abb. 6).

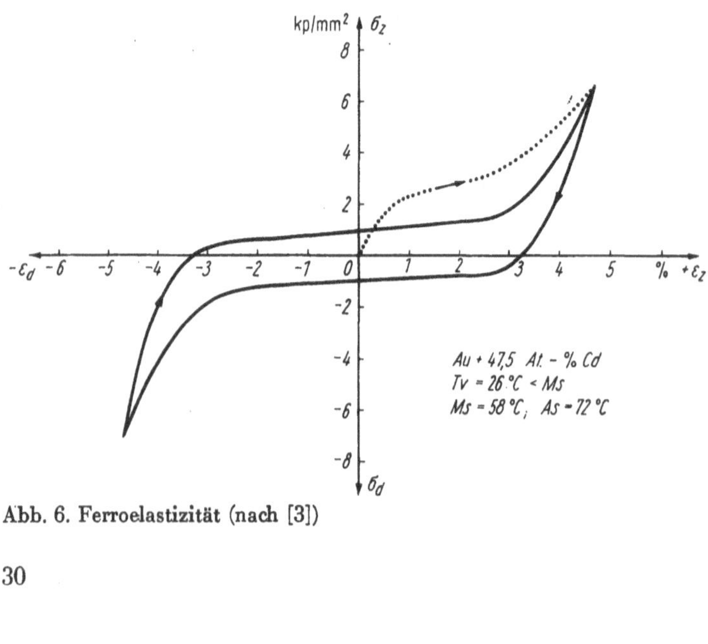

Abb. 6. Ferroelastizität (nach [3])

Wird die Spannung $\sigma = (E_{el}^{x} + E_{pl})/s_Z \cdot \mu$ erreicht, beginnt die spannungsinduzierte Zwillingsbildung. Während der Entlastung verhindert der Term E_{pl} das vollständige Zurückgehen der Deformation, der Term E_{el} wirkt aber als rücktreibende Spannung. Letztere überlagert sich bei einer Spannungsumkehr $\sigma_z \rightarrow \sigma_d$ der äußeren Spannung σ_d. Auf diese Weise wird ein Verlauf der Spannungs-Dehnungs-Kurve in Form einer Hysteresisschleife erhalten, und man erhält Werkstoffe, die nicht dem HOOKEschen Gesetz folgen [3].

3.2. Superelastizität

Die Super- oder Pseudoelastizität wurde zwar bereits im Jahre 1932 von A. OLANDER [4] an Gold-Kadmium-Legierungen entdeckt, aber erst in den letzten Jahren eingehender untersucht. Heute kennt man zahlreiche superelastische Kupfer-, Nickel- und Eisenlegierungen. Am bekanntesten ist wohl NITINOL (Ni : Ti $\approx$ 1 : 1).

Bei superelastischen Werkstoffen ist der Term $\Delta F(T)$ klein, $E_{pl} \approx 0$ und $\sigma < \sigma_F$. Beim Belasten erfolgt zunächst wieder eine HOOKEsche Dehnung (Abb. 7). Sobald die Spannung die kritische Grenze σ_M erreicht hat, erfolgt im günstigsten Schersystem eine spannungsinduzierte Martensitbildung. Man spricht von einer elastischen Fließgrenze [5]. Beim Entlasten wird die Deformation durch den Term E_{el} vollständig wieder rückgängig gemacht. Durch

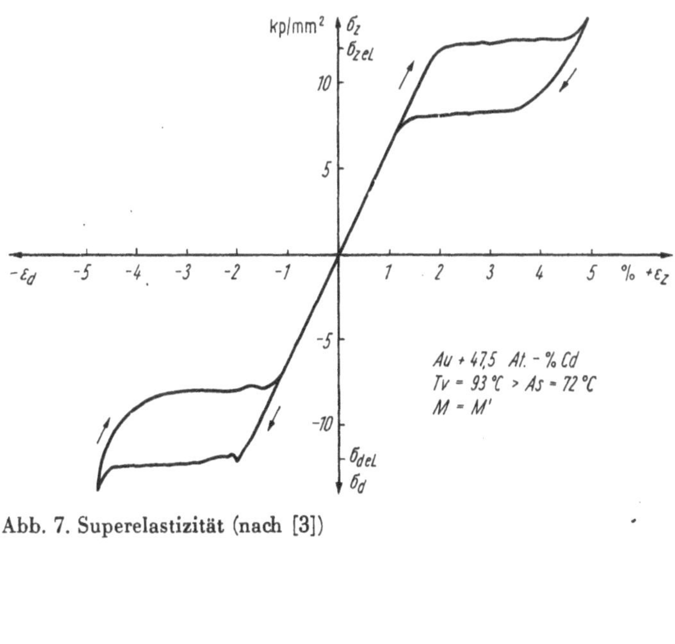

Abb. 7. Superelastizität (nach [3])

Betätigung des zweitgünstigsten martensitischen Schersystems kann die elastische Deformation, wenn auch mit höherer Spannung, bis zu etwa 15% gesteigert werden (Abb. 8). Es liegt dann eine Art elastischer Verfestigung vor [6].

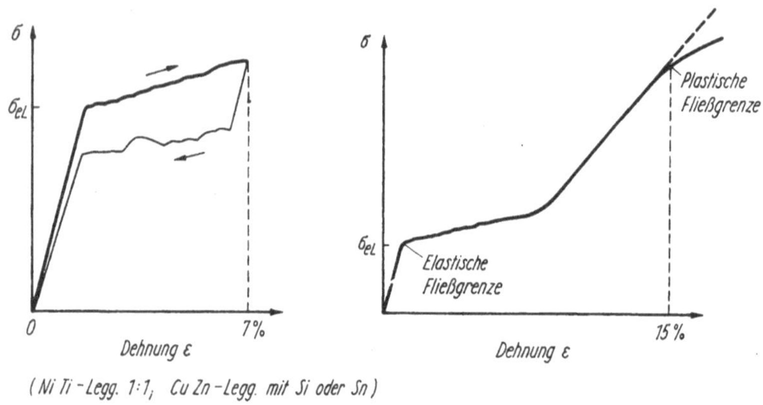

Abb. 8. Superelastizität (nach [6])

Voraussetzung für diese neuen Effekte ist, daß die kritischen Spannungen σ_Z bzw. σ_M unterhalb der Fließgrenze σ_F liegen, wie dies Abb. 9 zusammenfassend andeutet. Es ergeben sich Werkstoffe mit einem besonderen Spannungs-Dehnungs-Verhalten. Technische Anwendungen sind bisher nicht bekannt geworden.

Häufig zeigen superelastische Werkstoffe bei anderen Deformationstemperaturen den *Form-Gedächtnis-Effekt,* der 1962 von W. J. Buehler, J. V. Gilvrich und R. C. Wiley an NITINOL entdeckt wurde [4], dessen Ursache aber noch unklar ist. Beim Entlasten geht die spannungsinduzierte Martensitbildung und damit die superelastische Deformation nicht ganz zurück, sondern der größere Anteil bleibt quasi-plastisch erhalten (Abb. 10). Durch einfaches Erwärmen über die A_f-Temperatur wird diese Deformation aber vollständig wieder zurückgebildet, d. h. also ohne Anwendung einer äußeren Spannung [7]. Ein gebogener Drahtring nimmt beim Erwärmen wieder seine ursprüngliche Gestalt an. Der Werkstoff besitzt scheinbar ein ‚Gedächtnis' für seine Form vor der Deformation. Verschiedene Anwendungsmöglichkeiten hierfür sind im Schrifttum angegeben worden. Am interessantesten dürfte wohl der BANKS-Motor im Lawrence Berkely Laboratory der Universität von Kalifornien sein [8]. Dieser hat Antriebselemente aus gebogenen NITINOL-Drähten. Er lief bereits 6 Monate lang mit 70 U/min, wobei der Temperaturunterschied zwischen Kalt- und Warmwasserzuführung 6 °C beträgt. Man hofft, hiermit einen Motor schaffen zu können, der die Abwärme ausnutzt.

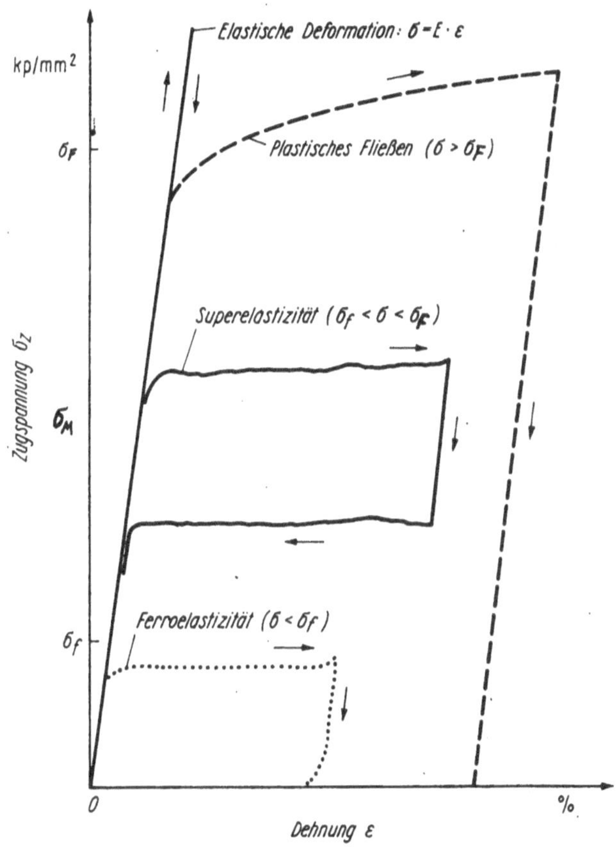

Abb. 9. Elastizität und Plastizität von Metallkristallen

3.3. Umwandlungsplastizität

Wirkt während einer Gitterumwandlung eine äußere Spannung auf den Werkstoff ein, so kommt es zu einem verstärkten plastischen Fließen, d. h., der Werkstoff besitzt in dem betreffenden Temperaturbereich eine erhöhte Bildsamkeit, auch wenn die Spannungen unterhalb der Fließgrenze σ_F liegen. Abb. 11 zeigt diese Erscheinung bei einem austenitischen Chrom-Nickel-Stahl

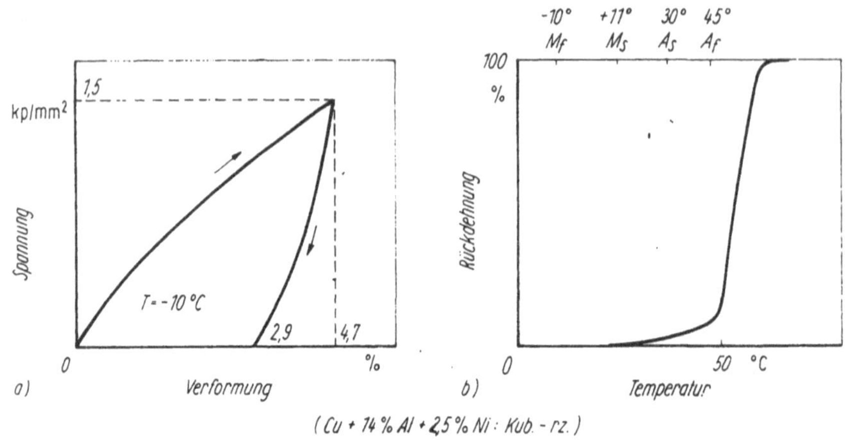

Abb. 10. Form—Gedächtnis-Effekt (nach [7])

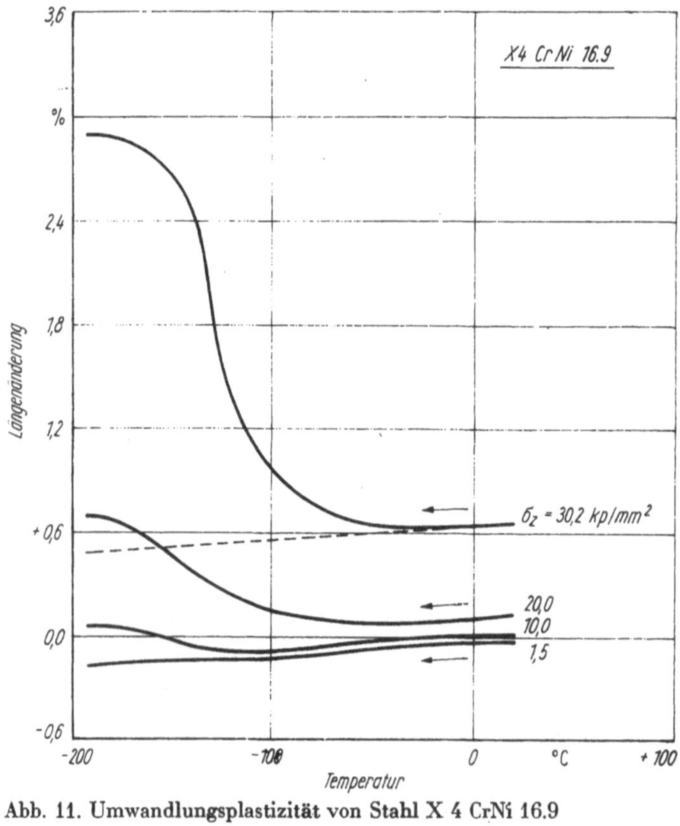

Abb. 11. Umwandlungsplastizität von Stahl X 4 CrNi 16.9

X 4 CrNi 16.9, der unterhalb von 0 °C eine martensitische Umwandlung erfährt. Werden die Umwandlungstemperaturen unter der Lasteinwirkung mehrfach durchlaufen, so addieren sich die plastischen Deformationen. Bei Kohlenstoffstählen wurden auf diese Weise einschnürungsfreie Verlängerungen im Zugversuch von 500%, bei Titan von 300% erhalten [9]. Man denkt daran, diesen Effekt in der Umformtechnik auszunutzen.

3.4. Festigkeitssteigerung

Gemäß Gl. (5) kann die chemische Triebkraft durch äußere Spannungen erhöht werden, eine Martensitbildung ist dann auch oberhalb der M_s-Temperatur möglich. Liegen die Spannungen oberhalb der Fließgrenze, wie es z. B. beim Walzen, Ziehen oder Pressen der Fall ist, entstehen Versetzungen, die keimbildend wirken, so daß der verformungsinduzierte Martensit meist sehr feinkörnig und in den Gleitebenen angeordnet ist. Hierdurch wird die Bewegung der Gleitversetzungen blockiert. Infolgedessen erhöht sich die Verfestigung.

Abb. 12 zeigt die verformungsinduzierte Martensitbildung eines rostbeständigen und kaltzähen austenitischen Chrom-Nickel-Stahles X 5 CrNi 18.10. Der

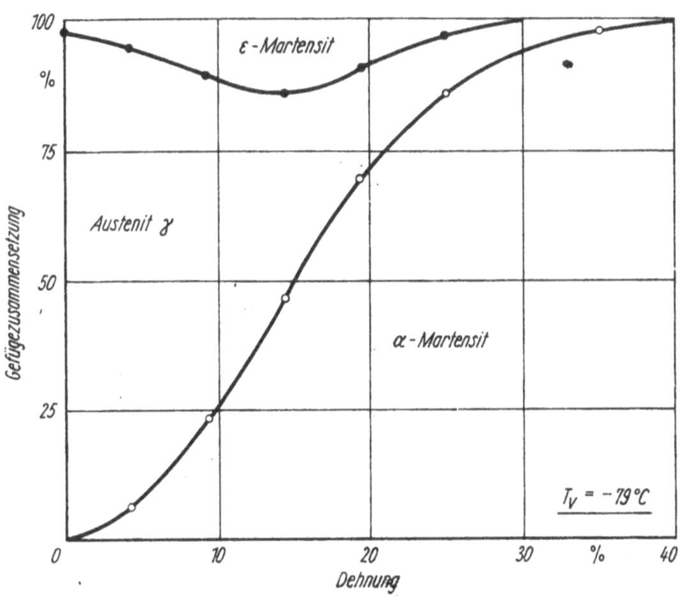

Abb. 12. Verformungsinduzierte Martensitbildung in Stahl X 5 CrNi 18.10

Austenit wandelt sich mit steigendem Deformationsgrad bzw. zunehmender Spannung in Martensit um. Die Umwandlung ist nach 40%iger Dehnung praktisch beendet. Die Kinetik der Transformation eines Stahles und damit die Verfestigung hängen von der Lage der Deformationstemperatur zur Gleichgewichtstemperatur T_0 bzw. zur M_s-Temperatur ab [10, 11, 12].

In Abb. 13 ist als Beispiel das Spannungs-Dehnungs-Verhalten eines Stahls X 10 CrNiNb 18.9 bei 2 verschiedenen Prüftemperaturen dargestellt. Bei Raumtemperatur findet keine verformungsinduzierte Martensitbildung statt, da 20 °C $> T_0$, und der Stahl verfestigt sich normal. Bei -180 °C hingegen be-

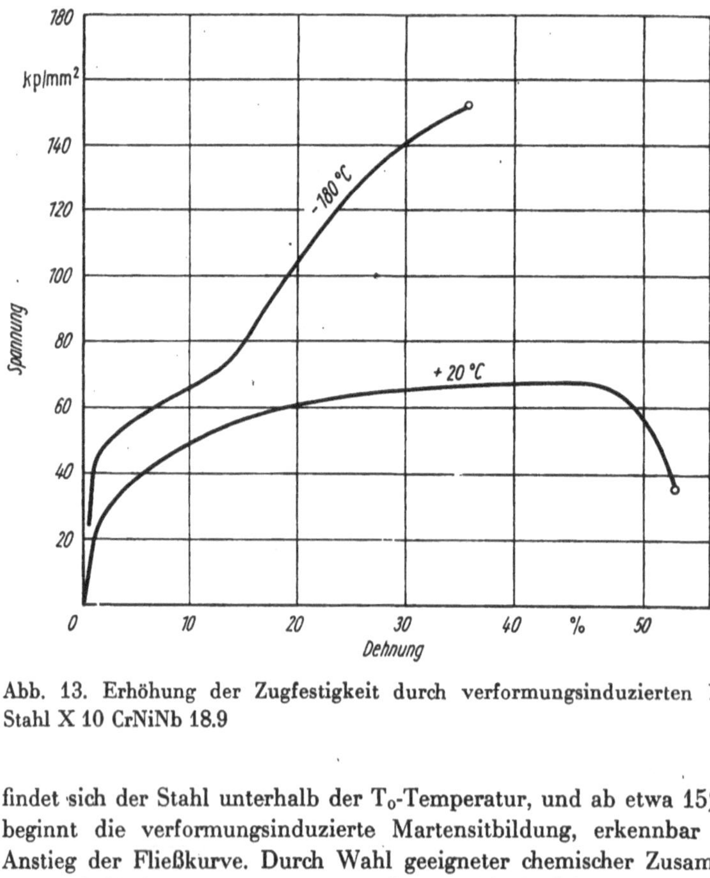

Abb. 13. Erhöhung der Zugfestigkeit durch verformungsinduzierten Martensit in Stahl X 10 CrNiNb 18.9

findet sich der Stahl unterhalb der T_0-Temperatur, und ab etwa 15% Dehnung beginnt die verformungsinduzierte Martensitbildung, erkennbar am steilen Anstieg der Fließkurve. Durch Wahl geeigneter chemischer Zusammensetzungen und Verformungstemperaturen lassen sich hochfeste und ultrahochfeste Stähle herstellen (Abb. 14).

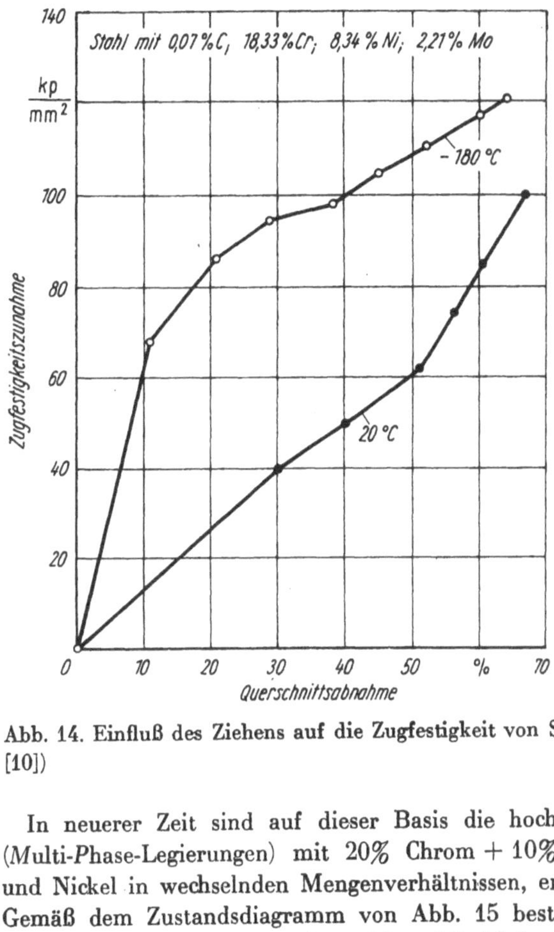

Abb. 14. Einfluß des Ziehens auf die Zugfestigkeit von Stahl X 7 CrNiMo 18.8 (nach [10])

In neuerer Zeit sind auf dieser Basis die hochwertigen *MP*-Legierungen (*M*ulti-*P*hase-Legierungen) mit 20% Chrom + 10% Molybdän, Rest Kobalt und Nickel in wechselnden Mengenverhältnissen, entwickelt worden [13, 14]. Gemäß dem Zustandsdiagramm von Abb. 15 bestehen die Legierungen bei höheren Temperaturen aus einem kfz. γ-Mischkristall, bei tieferen Temperaturen aus hex. ε-Mischkristallen. Beim Abkühlen stellt sich das Umwandlungsgleichgewicht jedoch nicht ein, sondern die γ-Phase wird bis auf Raumtemperatur unterkühlt. Durch eine nachfolgende plastische Kaltverformung entsteht in den Gleitebenen sehr feiner hexagonaler Martensit, der zu Fließgrenzen bis 175 kp/mm^2 und Zugfestigkeiten bis 220 kp/mm^2 führt (Abb. 16). Diese ultrahochfesten Legierungen besitzen außerdem eine brauchbare Zähigkeit, sowie eine ausgezeichnete Korrosions- und Spannungskorrosionsbeständigkeit. Die Verformung erfolgt technisch durch Kaltstrangpressen, Gesenkschmieden, Walzen, Ziehen und Hämmern.

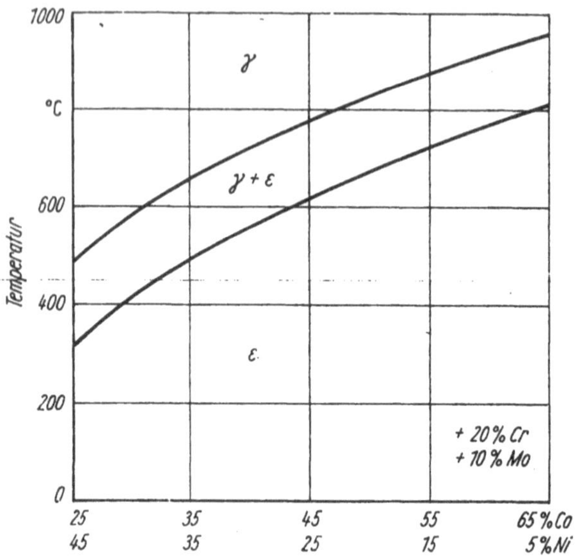

Abb. 15. Zustandsdiagramm der Multi-Phase-Legierungen (nach [13])

Spannungs- und verformungsinduzierte Martensitbildung spielt bei einer Anzahl moderner technologischer Verarbeitungsverfahren eine Schlüsselrolle. Beim *Explosivumformen* hat sich herausgestellt [15], daß Eisenwerkstoffe eine wesentliche Härte- und Festigkeitssteigerung durch martensitische Gitterumwandlungen erfahren, wobei der Martensit durch die Schockwellen erzeugt wird. So nimmt die Vickershärte von Reineisen durch 99%iges Kaltwalzen nur von 60 auf 150 kp/mm^2 zu, durch Schockwellenbeanspruchung mit 300 kbar aber auf 275 kp/mm^2. Im letzteren Falle findet eine martensitische $\alpha \rightarrow \varepsilon \rightarrow \alpha$-Umwandlung im Eisen statt, wodurch die Versetzungsdichte erheblich ansteigt. Austenitische Chrom-Nickel-Stähle unterliegen während der Schockbeanspruchung einer irreversiblen $\gamma \rightarrow \varepsilon \rightarrow \alpha$-Umwandlung, die gleichfalls mit einer Härte- und Festigkeitssteigerung verbunden ist.

Dieser Effekt läßt sich zu einem Oberflächenhärtungsverfahren in Form des *Explosivhärtens* ausnutzen. Durch Zündung einer Kontaktladung auf der Oberfläche massiver Konstruktionsteile wird bei entsprechender Dosierung die Oberfläche in einer vorgegebenen Tiefe gehärtet, ohne daß eine Umformung stattfindet. So wurde z. B. Hartmanganstahl X 120 Mn 12 behandelt, wobei eine 0,2 mm dicke Schicht aus ε-Martensit entstand und die Härte von HV = 250 auf 450 kp/mm^2 erhöht wurde. Die Standzeit von explosiv gehärteten

Brechern stieg um das 2—3fache [16]. Auch durch hohe hydrostatische Drücke lassen sich Eisenwerkstoffe verformungslos durch spannungsinduzierte martensitische Umwandlungen härten und verfestigen. Die technische Anwendung dürfte bisher aber noch wegen der kleinen Druckkammern sehr begrenzt sein. Diese Schwierigkeit könnte in einem gewissen Umfang durch das *hydrostatische Strangpressen* umgangen werden. Während in der Regel dieses Verfahren nur als Mittel zur Formänderung eingesetzt wird, haben D. K. Bulytschew und

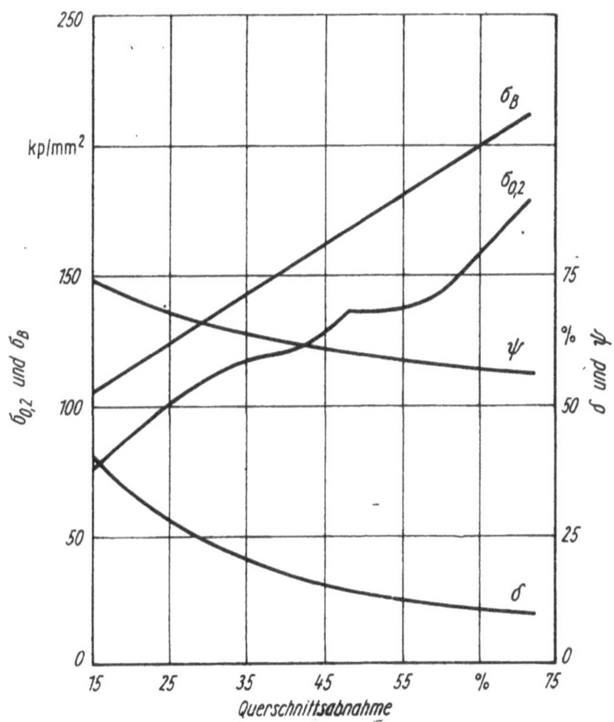

Abb. 16. Veränderung der mechanischen Eigenschaften von *MP* 35 N durch Kaltziehen (nach [13])

Mitarbeiter [18] metastabile Manganstähle hydrostatisch stranggepreßt mit dem Ziel, gleichzeitig durch verformungsinduzierte Martensitbildung die physikalisch-mechanischen Eigenschaften zu verändern. Gearbeitet wurde bei relativ geringen Fließdrücken bis zu 15 kbar. Hierbei konnten die Fließgrenzen um etwa 70 kp/mm² und die Zugfestigkeiten um 80—85 kp/mm² erhöht werden als Folge einer Bildung von $(\alpha + \varepsilon)$-Martensit aus dem Austenit. Bei einem Stahl X 25 Mn 10 wurden auf diese Weise $\sigma_F = 150$ kp/mm² und $\sigma_B = 160$ kp/mm² erzielt. Dieses Verfahren läßt sich auch auf viele andere metastabile Werkstoffe ausdehnen.

Das hohe Verfestigungsvermögen geeigneter metastabiler austenitischer Stähle läßt sich auch in anderer Richtung ausnutzen. So ist gezeigt worden [19], daß der Kavitationswiderstand metastabiler austenitischer Chrom-Mangan-Stähle vom Typ X 30 MnCr 10.10 ($M_s = -30$ °C) sehr viel besser ist als der von Stahl X CrNi 18.10, wenn die Hauptrolle bei der Kavitation nicht die Korrosion, sondern die Mikroschlagbeanspruchung spielt (Abb. 17). Aus diesem Stahl gefertigte Schaufeln von Radial-Achsial-Turbinen eines Wasserkraftwerkes, das mit sandhaltigem Wasser bis zu 10 g/l arbeitete, hatten eine 3—5-fache Lebensdauer.

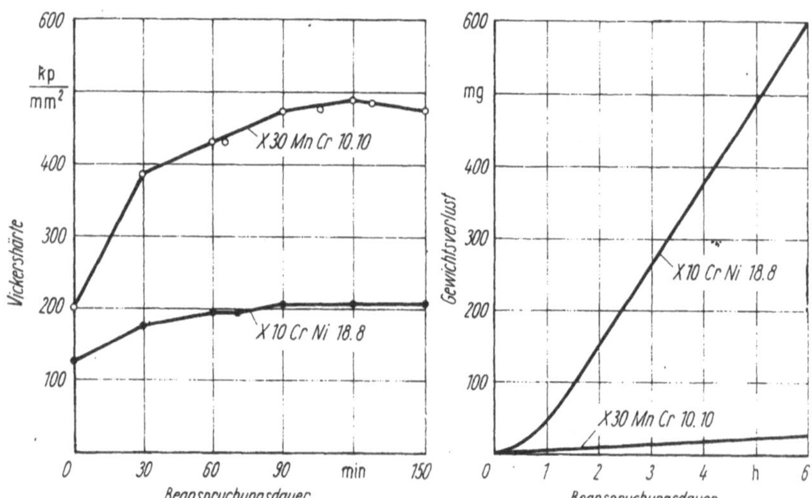

Abb. 17. Zusammenhang zwischen Verfestigung und Kavitationswiderstand gegenüber Tropfenschlag (nach [19])

Des weiteren wurde festgestellt [20], daß Stähle mit verformungsinduzierter Martensitbildung einen höheren Verschleißwiderstand aufweisen als solche mit einem stabilen austenitischen Gefüge. Untersucht wurde in einer Anlage, die die Bedingungen des Pressens von feuerfesten Ziegeln bei einem spezifischen Druck von 12 kp/mm² imitierte. Als Schleifmittel diente Schamottemasse.

3.5. Zähigkeits- und Bruchzähigkeitssteigerung

Durch sehr genaue Abstimmung der Austenitstabilität durch die chemische Zusammensetzung mit den Umformbedingungen läßt sich erreichen, daß die verformungsinduzierte Martensitbildung nicht nur zu einer Festigkeits-, sondern auch zu einer Zähigkeitssteigerung führt. Dieser sog. *TRIP*-Effekt (*T*ransformation *I*nduced *P*lasticity) wurde im Jahre 1967 entdeckt [21]. In Abb. 18 ist ein typisches Beispiel dargestellt. Bei einer Verformungstemperatur von 0 °C

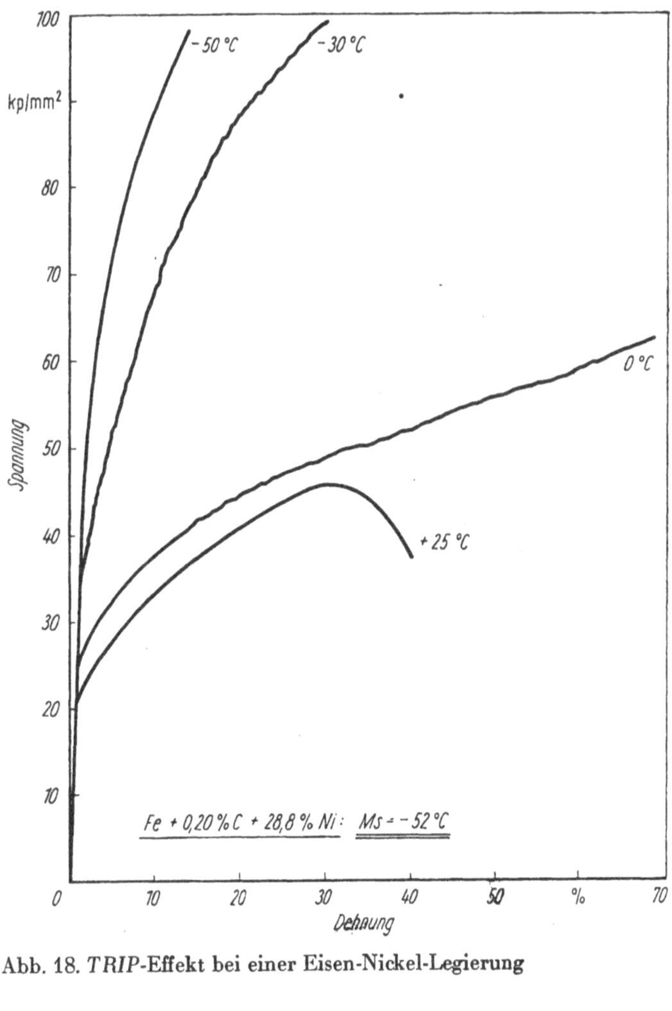

Abb. 18. *TRIP*-Effekt bei einer Eisen-Nickel-Legierung

ist die Bruchdehnung sehr viel größer als bei höheren oder tieferen Temperaturen, und die Zugfestigkeit liegt trotzdem höher als bei einer Prüftemperatur von 25 °C. Bei einem *TRIP*-Stahl mit beispielsweise 0,25% C, 2% Mn, 2% Si, 9% Cr, 8% Ni und 3% Mo liegt die Temperatur maximaler Plastizität bei Raumtemperatur.

Die Ursache für den *TRIP*-Effekt liegt in folgendem. Sobald sich während der Zugverformung die Einschnürung ausbildet, findet an dieser Stelle wegen des stärkeren Fließens eine vermehrte verformungsinduzierte Martensitbildung statt, die zu einer erhöhten örtlichen Verfestigung führt und die weitere Ausbildung der Einschnürung verhindert. Der Werkstoff heilt gewissermaßen seine Schwachstellen selbst aus.

In ähnlicher Weise läßt sich die Bruchzähigkeit erhöhen, wenn in der plastischen Zone vor der Rißspitze verformungsinduzierter Martensit gebildet wird, der das Rißwachstum behindert. Es ist nachgewiesen worden [22], daß die Wachstumsgeschwindigkeit von Ermüdungsrissen in metastabilen Stählen oberhalb der M_s-Temperatur wesentlich geringer ist als bei den gleichen Stählen im austenitischen oder martensitischen Zustand.

4. Weitere Effekte

Bildet sich speziell in kfz.-Legierungen unter der Einwirkung äußerer elastischer oder plastischer Spannungen hexagonaler Martensit, wie z. B. in den austenitischen Chrom-Nickel- und Chrom-Mangan-Stählen oder auch in Kobaltlegierungen, so ergeben sich infolge der engen kristallographischen Verwandtschaft der beiden Gitter einige Besonderheiten, die in technischen Konstruktionen berücksichtigt werden müssen.

4.1. Erniedrigung des Elastizitätsmoduls

Spannungsinduzierter hexagonaler Martensit ist hinsichtlich der äußeren Spannungsrichtung orientiert (s. Abb. 5). Die große Achse des Deformationsellipsoids richtet sich annähernd in Zugrichtung aus, d. h. in Zugrichtung erfolgt eine zusätzliche Längenzunahme δ_ε, die sich der HOOKEschen Dehnung δ_H überlagert. Dadurch sinkt der effektive Elastizitätsmodul S_z^x :

$$S_z^x = \frac{\sigma}{\delta_{\text{ges}}} = \frac{\sigma}{\delta_H + \delta_\varepsilon} < \frac{\sigma}{\delta_H} = S_z .$$

Abb. 19 zeigt Spannungs-Dehnungs-Kurven von Stahl X 8 Mn 16, dessen M_s-Temperatur bei 100 °C liegt. Bei der etwas höheren Temperatur von 120 °C findet eine intensive spannungsinduzierte Martensitbildung statt, die zu einem sehr flachen Kurvenverlauf führt. Bei 250 °C liegt stabiler Austenit vor; bei 20 °C wird nur wenig Martensit gebildet, und die Kurven steigen wesentlich steiler an [23].

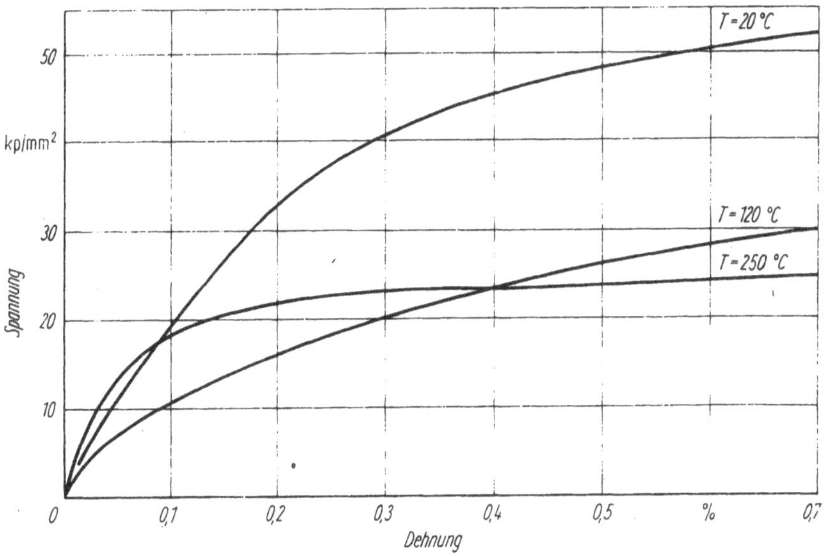

Abb. 19. Erniedrigung des Elastizitätsmoduls von Stahl X 8 Mn 16 durch spannungsinduzierte ε-Martensitbildung

4.2. Erniedrigung der Fließgrenze

Die verstärkte Martensitbildung kurz oberhalb der M_s-Temperatur sowie die orientierte Lage des Deformationsellipsoids bezüglich der Spannungsrichtung führen einerseits zu einer zusätzlichen Dehnung δ_ε im Zugversuch, andererseits zu einem entsprechenden Abfall der Elastizitäts- und Fließgrenze, da diese ja durch die bleibenden Deformationen von 0,01% bzw. 0,2% definiert sind. In Abb. 20 ist die Temperaturabhängigkeit der Fließgrenze von 2 rostbeständigen austenitischen Chrom-Nickel-Stählen dargestellt [24]. Wie ersichtlich, fällt $\sigma_{0,2}$

bei Temperaturen kurz oberhalb der M_s um etwa 20% ab. Ähnlich verhalten sich Kobalt-Nickel-Legierungen. Interessant ist, daß diese Erscheinung bei Stahl FeNi 29 nicht aufgefunden wurde, da hier eine martensitische γ/α-Umwandlung erfolgt.

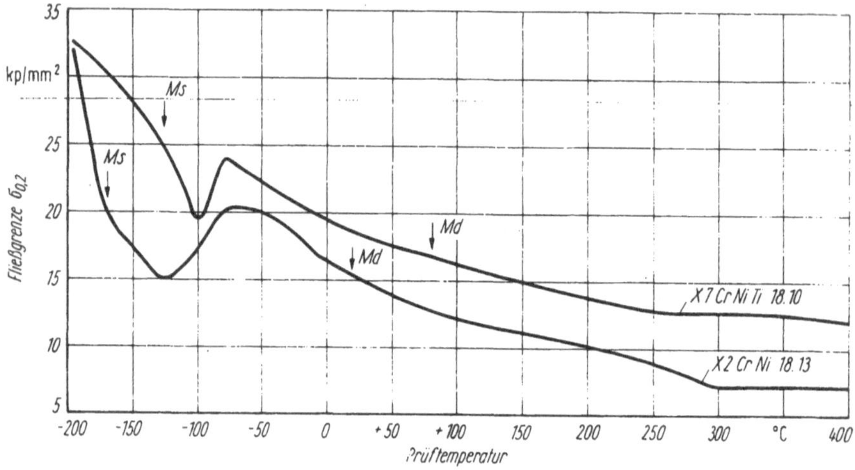

Abb. 20. Erniedrigung der Fließgrenze von Stahl X 7 CrNiTi 18.10 und X 2 CrNi 18.13 durch spannungsinduzierte ε-Martensitbildung (nach [24])

4.3. Tieftemperaturkriechen

Die gleichen Ursachen bewirken des weiteren das Tieftemperaturkriechen [24]. Durch spannungsinduzierte isothermische ε-Martensitbildung im Temperaturbereich zwischen M_s und M_d vergrößert sich bei konstanter Zugspannung die Dehnung im Laufe der Zeit. Im Gegensatz zum üblichen Hochtemperaturkriechen, bei dem die Kriechgeschwindigkeit mit steigender Temperatur zunimmt, da es sich um einen thermisch aktivierten Prozeß handelt, nimmt beim Tieftemperaturkriechen die Kriechgeschwindigkeit mit sinkender Temperatur zu. Das Maximum wird bei der Temperatur erreicht, bei der die isothermische ε-Martensitbildung am intensivsten abläuft, aber oberhalb der M_s-Temperatur (Abb. 21). Er ergibt sich ein linearer Zusammenhang zwischen dem Volumenanteil an spannungsinduziertem Martensit und dem Betrag der Kriechdehnung.

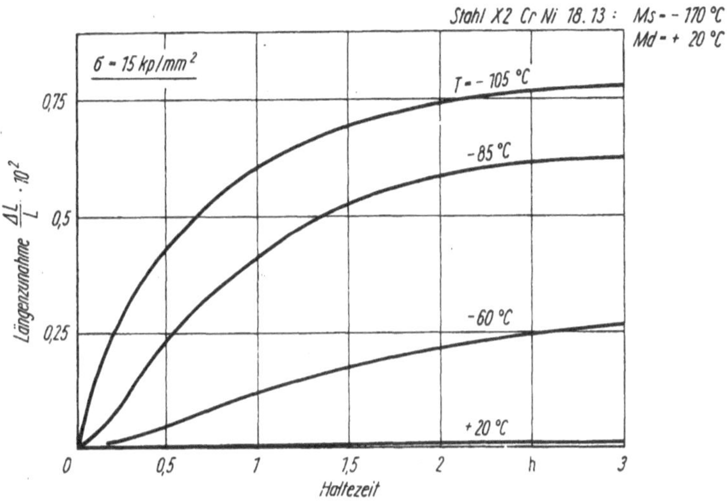

Abb. 21. Tieftemperaturkriechen von Stahl X 2 CrNi 18.13 durch spannungsinduzierte isothermische ε-Martensitbildung (nach [24])

4.4. Wasserstoffinduzierte Martensitbildung

Verformungsinduzierte Martensitbildung kann auch unter unerwarteten Bedingungen auftreten. So läßt sich zeigen [25], daß in den Oberflächenbereichen von elektrolytisch mit Wasserstoff beladenen Proben aus metastabilen, rostbeständigen austenitischen Stählen in einer Tiefe von einigen 0,1 mm α- und ε-Martensit gebildet werden können (Abb. 22). Dadurch entstehen neben interkristallinen auch intrakristalline Risse, wodurch die Oberfläche intensiv zerstört und die Korrosion begünstigt wird.

Zusammenfassung

Die thermomechanische Behandlung bei tiefen Temperaturen stellt eine moderne Verfahrenstechnik zur Herstellung metallischer Erzeugnisse mit verbesserten Gebrauchseigenschaften dar. Sie ist gekennzeichnet durch eine Kombination von elastischen oder plastischen Deformationen mit einer Gitterumwandlung, wobei die Deformationstemperatur definitionsgemäß unterhalb

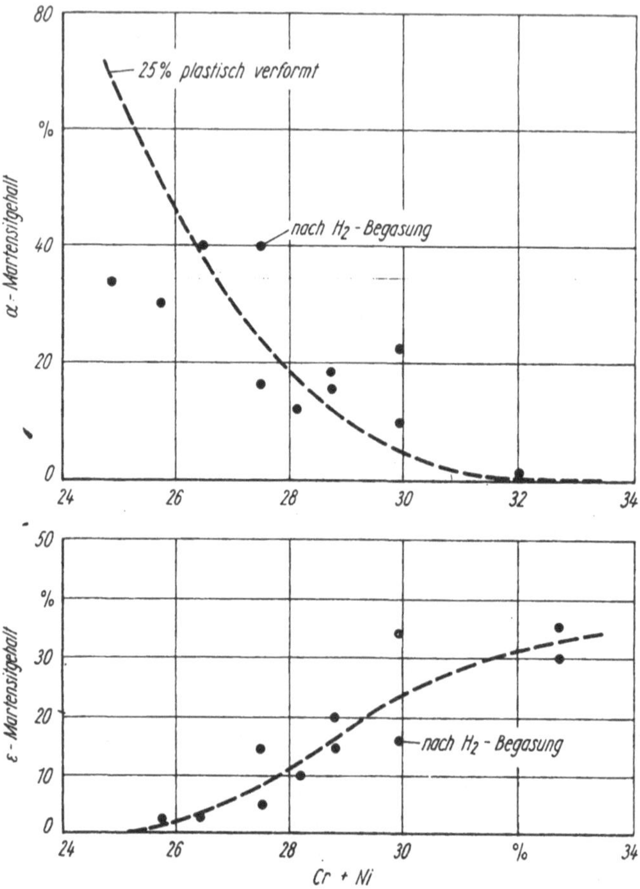

Abb. 22. Wasserstoffinduzierte Martensitbildung in rostbeständigen austenitischen Chrom-Nickel-Stählen

der Rekristallisationstemperatur liegt. Hierbei kommt es zu Wechselwirkungen zwischen den einwirkenden Spannungen bzw. Deformationen und den Gitterumwandlungen.

Nach einer Einführung in die metallphysikalischen Grundlagen werden folgende technische Anwendungsmöglichkeiten der Tieftemperatur–*TMB* besprosprochen: Ferroelastizität, Superelastizität, Form–Gedächtnis-Effekt, Umwandlungsplastizität, Festigkeits- und Zähigkeitssteigerung, sowie einige Effekte, die beim technischen Einsatz metastabiler Werkstoffe beachtet werden müssen, wie die Erniedrigung des Elastizitätsmoduls und der Fließgrenze, das Tieftemperaturkriechen und die wasserstoffinduzierte Martensitbildung.

Die Durchführung der thermo-mechanischen Behandlung setzt oft sehr genaue Kenntnisse der Werkstoffeigenschaften voraus und verlangt neben besonderen apparativen und meßtechnischen Einrichtungen auch eine sehr präzise technologische Arbeitsweise. Damit werden der Metalltechnologie neue, höhere Maßstäbe gesetzt.

Literatur

1. Patel, J. R. und M. Cohen: Acta Metallurg. **1** (1953) 531–538.
2. Fahr, D.: Metallurg. Trans. **2** (1971) 1883–1892.
3. Nakanishi, N. et al.: Phil. Mag. **28** (1973) 277–292.
4. Perkins, J.: Metallurg. Trans. **4** (1973) 2709–2721.
5. Delaey, L.: Z. Metallkde. **63** (1972) 531–541.
6. Pops, H.: Metallurg. Trans. **1** (1970) 251–258.
7. Oishi, K. und L. C. Brown: Metallurg. Trans. **2** (1971) 1971–1977.
8. N. N.: Umschau **74** (1974) 557.
9. Kot, R. A. und V. Weiss: Metallurg. Trans. **1** (1970) 2685–2693.
10. Bungardt, K. et al.: Arch. Eisenhüttenw. **24** (1953) 423–430.
11. Sanderson, G. P. und D. T. Llewellyn: J. Iron Steel Inst. **207** (1969) 1129–1140.
12. Bhandarkar, D. et al.: Metallurg. Trans. **3** (1972) 2619–2631.
13. Pugliese, L. A. und J. P. Stroup: Kobalt, Nr. **43** (1969) 69–74.
14. Drapier, J. M. et al.: Kobalt, Nr. **49** (1970) 153–166.
15. Koepke, B. G. et al.: Techn. Rep. Doc. Nr. ML TDR 64–282.
16. Norman, A. et al.: US Patent 2,703.297, 1. März 1955.
17. Giles, P. M. und A. R. Marder: Metallurg. Trans. **2** (1971) 1371–1378.
18. Bulytschew, D. K. et al.: Fizika metallov i metallowedenie **32** (1971) 1260–1267.
19. Bogatschew, I. N. und R. I. Minz: Litejnoe prizvostvo **2** (1962) 32–35.
20. Popow, S. M. und W. S. Popow: Metallowedenie (1972) H. 1, S. 65–66.
21. McCoy, R. A. et al.: Metallurg. Trans. **1** (1970) 2031–2034.
22. Pineau, A. G. und R. M. Pelloux: Metallurg. Trans. **5** (1974) 1103–1112.
23. Schumann, H.: Kristall und Technik **9** (1974) 33–44.
24. Mirsajew, D. A. et al.: Fizika metallov i metallowedenie **35** (1973) 1206–1212.
25. Holzworth, M. L. und M. R. Louthan: Corrosion **24** (1968) 110–124.